朱振藩 著

心知肚明

九州出版社 JIUZHOUPRESS ｜全国百佳图书出版单位

图书在版编目（CIP）数据

心知肚明 / 朱振藩著. -- 北京 : 九州出版社,
2024.7
ISBN 978-7-5225-1198-6

Ⅰ. ①心… Ⅱ. ①朱… Ⅲ. ①饮食－文化－世界
Ⅳ. ①TS971

中国版本图书馆CIP数据核字(2022)第182909号

心知肚明

作　　者	朱振藩　著
策划编辑	陈文龙
责任编辑	陈文龙
出版发行	九州出版社
地　　址	北京市西城区阜外大街甲 35 号（100037）
发行电话	(010)68992190/3/5/6
网　　址	www.jiuzhoupress.com
印　　刷	鑫艺佳利（天津）印刷有限公司
开　　本	880 毫米×1230 毫米　32 开
印　　张	7.875
字　　数	175 千字
版　　次	2024 年 8 月第 1 版
印　　次	2024 年 8 月第 1 次印刷
书　　号	ISBN 978-7-5225-1198-6
定　　价	56.00 元

老师领进门——好吃的还要靠老师

李昂（知名作家、美食家）

"师父领进门，修行看个人。"这是一句人人皆知的名言，人们也都会遵从。如人饮水，冷暖自知。再怎样懂得加持、灌顶的高明师父，也对懒徒弟无可奈何。

朱振藩是我的"美食老师"，让我对中国饮食的由来典故、食材做法，有更多的了解。朱振藩师父浸淫美食数十年，功力自然不在话下。

拜师学了美食的这些基本功夫，本来我也该"老师领进门，修行看自己"，特别是，"吃"是这么实际的事情，一定得靠自己吃进嘴里、味蕾辨识，才能知道个中滋味。

这滋味辨认，当然不能靠老师获得。

可是朱老师领我进门后，我的美食修行，还是大半仰赖他。

理由无他，没有朱老师，就没有真正好吃的东西。

我说得一点也不夸张。厨师做菜，如同艺术家创作，水准会随体力、情绪、精神状况起伏，好的厨师能将这些状况引发的烧出来的菜的落差，减至最小。

但再怎样高明的厨师，总有表现"优"与"特优"的时候。偏偏我与朱振藩老师一番美食功夫学下来，对食物的要求精益求精，不免要求那最上乘的上上之道。

这便得仰赖朱老师了。

朱振藩有个特点，就是能与各式名厨相交甚欢。我虽然也有一点小本事，就是靠ㄙㄞㄋㄞ（撒娇）博厨师开心一笑，好让其展现出真正绝活。但，毕竟不是好方法。

朱老师吃遍四方，加上对饮食的学养，能与各式名厨真正"华山论剑"，名厨自然会因行家识货，拼出一身真本事。

所以，"有朱振藩在场，一定有好吃的"，这是我作为徒弟学会的另类知识。

即使如此，"努力"还是要看自己了。我得以被朱老师接纳，应是认识后隔几天，朱老师打电话问我是否到"石门水库"吃一种"通体碧绿"的吴郭鱼。我在雨夜里一高接二高，花了两个半小时，才到了著名的"溪洲楼"。

之后只要朱老师一通电话，我真是上山下乡，在所不辞。最精彩的莫过于早上八点多到集合地点，开三个多小时的车，到台中的"将军牛肉面"，吃我封为"食神"的张北和的独门名菜。

所谓"独门"是因为张北和在学士路的店里，只卖牛肉面、肥肠等传世之作，但，一些拿手大菜，便不轻易示人。

只有像我老师这种能人高士，才能获将军青睐，做些"百鸟朝凤""头头是道"等名菜。

当然，中午美美地吃了一餐，回程，还有另外三个多小时要开车。万一碰到堵车，回到我郊外的家，已是深夜。

这样好吃的"认真努力"精神，我以为，才是我的修行之道。否则，凭我自己，要吃到台湾真正好吃的东西，嗯！可能还差把劲。

读者朋友大概没有我的好运，有美食老师领进门后，修行还要靠老师。但，这倒无妨，要修行美食，不妨从朱振藩写的各式美食书籍读起，认真学习，先练就一身对美食的知识——这都是从朱老师的书中最易获得的。

接下来的修行，嗯！即使不能与朱振藩"吃同进退"，但，可以从他书中介绍的店下手。当然，要不忘现学现卖一下朱振藩书中的美食知识。

这样，也算另种较容易的修行了。

亲爱的读者朋友，修行美食，就从本书开始吧！

自序

优游食林乐陶陶

在浩瀚无垠的食林中，我自从写首篇饮食文章起，辗转数年内，先后完成《台湾美食通——一本兼具贵族口味与大众消费的美食导览》《口无遮拦——吃遍台湾美食导览》及《捷运美食导览》（分"中和""木栅""淡水"）等数册，虽开风气之先，但此导览之作，不足以惬吾怀。正好因缘际会，不时有人邀稿，开近十个专栏，内容包罗万有，有的时间甚长，也有的很短暂，无法自成体系，算是聊备一格。

不过，幸有贵人相助，这些拉杂篇章，全由麦田出版社出版。刊登在《联合报》与《中国时报》的专栏，编成了《食林游侠传》（简体字版改为《食的故事》）。另，撰写于《四季味》《经济日报》《中时晚报》《时报周刊——美食志"妈妈咪呀"》《行遍天下》《吃在中国》等的专栏，另编成了一本《笑傲食林》。此二书在两岸发行后，引起一些波澜，对于推动食味，不无些许影响。

　　其中，《笑傲食林》一书，分成"宝岛新食风""沪菜展雄姿""名士食经""奇菜大观""全台吃透透"五个单元，脉络堪称分明，可谓一气呵成。只是出版至今，已超过十五年，甚多内容已旧，有的餐馆不复存在，有的并非佳篇，于是重新整理，冀能一新耳目。

　　改写实非易事，不仅篇篇润饰，还得去其芜杂，加上一些新解，而且得费心思，将不合时宜的，一一摒弃不用，再添新的文章，借以壮大声势。在重整旗鼓下，遵循以往单元，保持其一致性，倍感亲切有味。

　　此外，《食的故事》一书，取其相近内容，新增"两岸馔文化"这一单元，增加其可读性。如此大幅修改，书名势必得改，由于大异于前，同时较具知性，遂称《心知肚明》，以此自娱娱人。

　　吃喝得靠机缘，关系口福深浅。而这个口福嘛，一得有钱有闲；二得广结膳缘；三要自得食乐；四要精益求精；五需博览群籍，加深文化底蕴；六要行万里路，不畏艰难险阻。如此食出机杼，终享人间至味。坦白说句实话，想有这等口福，真是何其难也。但可当成目标，经过再三努力，不仅可以跨越雷池，最后亦能攀上顶峰。

　　我的食缘不差，尚有成长空间，权且野人献曝，供诸君玩味。不过，人生在世，时日无多，"薄饮食"固不足取，厚滋味亦何足道？台湾因袭日本，喜欢讲"小确幸"。这个词有意思，完全主观认定，只求丁点幸福。比之"适口为珍"，二者似乎有相近处，道理或可互通。

话说宋太宗问苏易简："百物弥珍，何者为最？"苏答："臣闻物无定味，适口为珍。"而这一个"适口"，望之平易近情，只是细绎其理，却近于绝对化。为何是绝对的？既有个人爱好，加上环境不同，处境也有差异，以至其中食趣，当然大异其趣。光就此点看来，所谓专家之言，聊供参考而已。然而，所谓绝对仍是会变的。随着年龄增加，身体自会调节；何者才对胃口，必依见识而来。一再交互激荡，想要对其定位，甚至统一口径，终致缘木求鱼。

　　曾有句广告词，流行台湾南北，朗朗上口——"只要我喜欢，有什么不可以"。若将此置于饮食上，只要不悖良俗，不违环保卫生，偶尔惊世骇俗，来点稀奇古怪，不也乐在其中，有个美好回忆？这本书的叙述，不立异以为高，却有特别之处，也算别开生面吧！但大部分内容，终归平易可诵。且与阁下共享。姑不论其如何，在食林中优游，必然其乐陶陶，愿与大家一起，吃得自在快活。是为序。

目录 ——

心知肚明

辑一

异国好食味

日本寿司今与昔

十余年前，日本流行用回转寿司算命，业者主要是根据算者取用的数量、种类及所用的时间等，来推测一个人的命运。由于具有一定的准确度，因而它吸引了不少好奇人士，堪称是种热门的新行业。

有关回转寿司的起源，竟和台湾有些渊源呢！原来首创此一吃法的，乃生长于台湾，后迁居回日本的江川金钟氏。他于一九六八年八月，在日本仙台市自家开的"元禄寿司"里，率先使用。此后，其因充满着新鲜感，大受欢迎，居然在往后的五十年间，走红东亚和北美各大城市。

这回转的寿司，主要靠一条长约十八米的输送带，将盛有一盘两块或三块的寿司，用三分半到四分钟的时间绕完一圈，由食客任意取用。它与一般寿司店不同处在于，既无任何限制，亦无店员监视，可让食客觉得轻松而不拘束。

日本的“饭团寿司观察学会”，曾有一个很大的梦想，就是把此一受到大众欢迎的寿司输送回转带，以每家特殊名品齐聚一处的方式推出。例如：“鹤八”著名的鳗鱼、“日本桥寿司幸”用柿叶的手法、“以郎”的小鲦鱼、“一国”的烤蛋、“安度”的鲣鱼、“鳍金”的大鲔鱼、“虎寿司”的甜虾、“合满寿司”的煎蟹……如此一来，不必远赴各地，便能一一取之送口，遍尝风味，真是不亦快哉！

在日本话里，鮨、鲊与寿司的发音均为SUSHI。根据日本学者的考证，三者本为一物，约于西晋时，从中国传入日本，起初名“鮨”或“鲊”。西汉字书《尔雅》，将“鮨”解释为腌渍过的鱼。它起源于云贵一带，为当地住民把鱼腌渍保存，待其发酵食用的一种食品。由于其读音相同，且寿司寓有长寿之意，故为店家所乐用。而今，人们只知有寿司，却不明白鮨与鲊，究竟为何物了。

其实，寿司的原料除了醋饭外，并不限于鱼虾贝类。唐朝时的野猪鲊（据《酉阳杂俎》记载，安禄山恩宠莫比，其获赐膳品，月有野猪鲊），宋朝时的黄雀鲊、肉鲊（均见吴氏《中馈录》），均是鱼鲊以外的妙品。然而，传统的鱼鲊，在制作上并不简单，耗时亦久，至少几星期、几个月，甚至几年。

晚明时期，高濂在《遵生八笺·饮馔服食笺》“鱼鲊”条中，转述前人的制法为：

鲤鱼、青鱼、鲈鱼、鲟鱼皆可造。治去鳞肠，旧筅帚缓刷去脂腻腥血，十分令净，挂当风一二日，切作小方块。每十斤用生盐一斤，夏月一斤四两，拌匀，腌器内。冬二十日，春秋减之。布裹石压，令水十分干，不滑不韧。用川椒皮二两，蒔萝、茴香、砂仁、红豆各半两，甘草少许，皆为粗末，淘净白粳米七八合炊饭，生麻油一斤半，纯白葱丝一斤，红曲一合半，捶碎。以上俱拌匀，瓷器或木桶按十分实，荷叶盖竹片扦定，更以小石压在上，候其自熟。春秋最宜造，冬天预腌下作坯可留。临用时旋将料物打拌。此都中（按：指南京）造法也。鲎鱼同法，但要干方好。

换成口语来说，这种烦琐的寿司制法，乃先把淡水鱼、米饭和盐等放在木桶中，再用一个很重的盖子，将它压实，腌上几个月甚至几年。随着时间的推移，木桶中的食物便开始发酵。先由米饭中的淀粉，逐渐转化成葡萄糖，再变成乳酸菌渗入到鱼肉里，这样一来，鱼肉会产生一种特殊的酸味，同时乳酸菌亦具有防腐作用。

日本人把这种腌制的寿司，称为"熟寿司"，因"熟"在日语中，另有发酵和腌渍的意义在内。其早年的熟寿司，以京都的鲫鱼寿司最负盛名，主要的产地，在京都东部的琵琶湖畔。此寿司在腌放几年后，会变成糊状物，人们常用它来治疗胃病。至于其疗效，主要是靠里面富含的乳酸菌成分。

熟寿司因太费时耗工，根本产生不了多少经济效益，故随着岁月的流逝，其超然地位，逐渐被日本各地相继出现的其他形形色色寿司所替代，例如那玛熟寿司、压寿司、握寿司、卷寿司、散寿司、雏寿司等。

十五世纪时，仅需腌制七至二十天即可食用的"那玛熟寿司"最先登场。而日语中的"那玛"，便是生的意思。

到了十七世纪，人们为了使寿司不经腌制便可产生酸味，就用速成的方式，直接在米饭中加醋，再与浸过醋的鱼放在一起，以重物压上几小时即可食用。它虽不耐长时间存放，但适合充作午饭或当野餐，故一度曾居主流地位。

值得一提的是，在各式各样的压寿司中，有两种颇具特色。一种叫柿叶寿司，另一种叫鲭鱼寿司。前者是用柿叶将做好的寿司裹起来；后者是在寿司上放一层浸过醋的鲭鱼片和海带，外面再用竹叶卷起来。两者的共同点是看起来美观卫生，而且便于携带。

十九世纪的江户（即今东京），寿司产生了革命性的变化。创始人为担任驿站检查行李重量职务，以及经营点心铺的花屋与兵卫。他们所发明的握寿司为：在手心里放上浸过醋的米饭，米饭上面放一片鱼等食材，再握压成卵球状，即可立刻食用。此与早期的寿司相比，贵在省时简单，而且变化万端。然而，它从选料到制作需要相当的技巧，也正因为如此，一般家庭极少自己做来吃。

与握寿司同时发展的，还有卷寿司（俗称粗卷，较精致的为花寿司）。在制作时，先把米饭铺在紫菜或蛋饼上，另在上面放些鱼、蔬菜或酱菜等，再卷成圆柱状即成。食用时，以餐刀切片状，此际，里面不同颜色的食材，即在断面上显露出来，五彩缤纷，诱人馋涎。

散寿司属家庭常享的寿司，其制法甚易，只消把用醋浸过的米饭与烹制好的鱼、肉、蔬菜，依照不同地区的食谱，掺和在一起，即可马上进食。

至于雏寿司，则是为因应百年前日本人的习俗而特别制作的超小型寿司。当时人们流行在观赏"文乐""歌舞伎"等戏剧表演时，从事相亲活动，为了让樱桃小口的女性能吃得文雅，个儿娇小的雏寿司就应运而生了。此后，一些高级料理及宴席，亦相率采用。目前在大阪地区，于女儿节当天，仍有吃雏寿司的习俗。

　　根据统计，现在地球除南极洲外，几乎每个城市都有日式寿司餐馆，总数已逾四千家，俨然其已成饮食主流之一。光是美国，即居其半，可见日本的寿司，正逐渐成为美国民众的佳肴美味。而别出心裁的美国食品公司，甚至仿照日本寿司，推出名为"寿司棒"的快餐品，既风靡新大陆，又广销至日本。美国人原本相信它在不久之后，应会红遍台湾各地，结果情况并非如此。归结其中各种因素，或许各地人情不尽相同，加上台湾小吃盛行，本身即有快餐导向，寿司棒难脱颖而出，这可能是最大原因。

和果子前世今生

　　和果子是日本点心的总称，有传统的，也有现代的，种类虽五花八门，但以甜食为主，不像中国的点心，以咸品居多。其成品小巧精致，包装引人入胜，特别诱人食欲，此为其独到之处。

　　日本的文化，受中国隋唐时期的熏陶和影响极深，仅年节和饮食风尚，就充分显示了这一点。至于与节令有关的饮食、器用和服饰等，更反映了此一倾向，尤其是中国当时的江南地区（即所谓的吴地）文化，在日本留下了深刻的烙痕。吴人尚甜（今日的苏州、无锡一带依然如此），日本点心亦然。经过近千年的历史孕育，而今日本的各城各县几乎都有特产的和果子，只是万变不离其宗，大部分都甜，而且是甜得很，有的简直是甜得腻人。

　　现在日本的某些食品、蔬菜的名称，仍有不少保存着"唐"和"南京"等字样，全是中国的舶入品，如辣椒称"唐辛"，落花生称"南京豆"等即是。不过，所谓的"唐"，并不是专指唐代，因

　　　　　　　　　　　　　　　　　　　　　　心知肚明

一直到明清之时，他们均称中国为"唐"。所以，目前一些叫"唐"的和果子，也应作如是观，不要无端地把它们的历史，多推算了好几个世纪。

做和果子所需要的糖，来自中国。砂糖是由著名的高僧鉴真带到日本的，起先充作药用。后来开始自江南输入，由于价钱昂贵，只是权贵与富豪才享受得起的奢侈品。最后从中国和琉球大量输入，用途日益广泛，制作和果子即是其一。此外，蔗糖的传入则很神奇，十七世纪初叶，琉球一个名叫直川智的渔夫，出海打鱼时因碰上了台风，顺风漂至华南。他在这里学会了甘蔗的栽培法和制糖法，返乡时把蔗苗带回琉球，并广为种植。

至于配和果子吃的茶，早在唐代即已传入日本，最初是当药物饮用。南宋时，日本僧人荣西从中国把茶种带回日本，先后在九州和京都地区种植。

和果子的一些制作方法，据《大日经供养持诵不同记》的记载，早在唐代就开始传入日本，如当时的唐饼、砂糖饼和欢喜饼等，即是名品。后来，陆续传入日本的中国糕点更加丰富，从《庭训往来》《尺素往来》《长崎市史》等书中，可发现主要的有羊羹、卷饼、月饼、云片糕、芝麻饼、太史饼、牛皮糖、笃枣、糕干、蔗饼、蛋糕、香饼、夹砂糕、连环、金钱饼、唐人卷和蜜果子等。此外，粽子在长崎一带很受当地人的欢迎，相传它是在明清时期由中国东南沿海一带传到此间的，至今种类繁多。他们以糯米、米粉、竹叶、苇叶为原料，包成角状、棒状、四棱形等模样的粽子。

还有两样东西颇值一提。一是和果子中最能耐饥的"蒸馒"，

另一种是以本来面目呈现的ボリツケ（音"乍波吃开"，一种蜜饯）。

中国自唐代起，馒头的个儿变小，号称"玉柱"。少府（衙门名）监御馔，用九个大盘堆栈成塔，叫"九饤食"，乃宴会中供观赏的看食，亦为最后品尝的点心。其能传入日本，应是入元禅师龙山德见的杰作。

相传龙山德见在浙江求法之时，结识了一个名叫林净因的俗家弟子。他后来随龙山德见东渡，先后在博多、奈良制作馒头，称"奈良馒头"。他老兄为了适应日本人的口味，特地制作豆沙馅的包子（包子与馒头本是同一物），并在其上打印一个粉红色的"林"字。后来他改姓盐赖，其子孙迁居京都后仍以此营生。因此，林净因就是京都岛丸盐赖氏的祖先。奈良现尚有一座纪念他的神社，每年的四月十八日，日本凡经营和果子的人士都会齐集在此，举行朝拜仪式。此外，在明末清初时期，中国黄檗宗名僧隐元东渡日本，携去了福建式的馒头做法，此即日本至今犹存的"隐元馒头"。

当下一种流传在长崎、鹿儿岛及别府等地叫"朱栾"（亦称"香栾"）的果子，其加糖煮制而成的蜜饯，相传亦是在明清之际传入日本的。以研究中外饮食文化交流著名的冯佐哲先生，怀疑它的日语命名，应是以当时中国对日贸易的基地，宁波船的起锚地——浙江平湖市的乍浦——而取的。毕竟，乍浦和乍波吃开的音极为近似。果真如此，日本人竟把这种蜜饯，以它的起运地命名了。

台湾曾被日本人侵占五十年，对和果子的接受度极高。目前历史最久（已百年）、颇具规模的"明月堂饼铺"里，便有不少精品，嗜食者颇多。除市面常见的最中、铜锣烧、羊羹外，另有和风吹玉、鹿子饼，中秋赏月品尝的"御荻"，充作敬神、贺寿用的"桃"，耐饥的"蒸馒"，以及一些独门的精品，像以雪命名的两种甜食、迥异寻常的麻糬即是。

"吹雪"的命名颇饶有诗意，其呈球体状，外形似村舍经风雪吹过，残雪痕迹尚存。其除可直接取食外，另可蒸熟食用。"朝雪"呈方块状，外形如小片玲珑琉璃瓦，质感出奇地细腻，细品香糯有劲，冷藏而食尤佳。

其麻糬中的"求肥"，曾是中华航空公司日本线飞机餐的甜点，以同音汉字"求肥"命名，据说系由大陆传入。它是用清爽的蛋糕皮，裹上加了麦芽糖的白糬，糯中带劲，甜而不腻，爽不黏牙，堪称佳品。"羽二重"是带壳的豆沙馅，裹在皮软滑细的外皮里，以其质感犹如珍贵的羽二重丝绸而得名。它那精美绝伦的长相，还真让人舍不得吃呢！

而在日本和果子流行宝岛之际，旅美作家周芬娜（专写旅游、美食方面，曾住日本一年）在《日本和果子写真》一文中拈出几味和果子，有趣生动，特地引介如下：

> 有一种名叫"草饼"的糬，饼皮中混入了艾草嫩芽的汁液，呈深绿色，散发着艾草的清香，十足的田园风味，可惜只在春、夏两季才有售。山梨县的山梨市因为盛产艾草，所以当地的"早川制果"所制作的草饼最为著名。

> 日本人也过端午……制作一种名叫"柏饼"的点心。……另一种端午节吃的点心叫"笹团子"，这也是把麻糬裹在大竹叶

里蒸熟，外以草绳捆绑，蒸好后形如葫芦。新潟的"笹川饼屋"以此物驰名，新潟的米好，团子的内馅用的红豆，又用的是产于北海道十胜的著名的大纳言小豆。

另有一种叫"蕨叶饼"的点心，清淡幽远，风味绝佳……这是用羊齿植物所榨出的黏液做成的冻子，滑滑嫩嫩的，有点像爱玉，含糖微甜，然后再裹上黄豆粉，浇上黑糖汁，味道好极了。……听说茨城县的蕨叶饼最有名。

日本人喜欢用葛粉做成消暑的点心来食用。夏天时常看到超级市场中叫卖葛粉条。它形似米苔目，又比米苔目透明爽滑，浇上黑糖汁就是甜食，加入醋拌的柴鱼汁就是咸食。胃口不开的人常拿它当午餐吃，像吃凉面一样，非常地清淡爽口。

日本的柿子量多质佳，所以用柿子做成的糕饼特多。其中最有名的据说是爱媛县松山市的"柳樱堂"所制作的"山里柿"。它是用当地所盛产的西条柿干碾碎为馅，包在糯米做的饼皮中，形状丰满而色洁白。……（周芬娜个人则）欣赏新潟佐渡岛所制作的一种柿子果冻，它名叫"柿时雨"（柿ぐれ），是将柿子汁和葛粉混合所做成的冻子，经冷藏后在夏日午后食用，佐以绿茶，颇有通肠顺气、清热消暑之功。

日本一向以羊羹驰名，而最讲究的羊羹，据说产于岩手县的下闭伊部。当地的"中松屋"所制作的羊羹风味别致，有牛乳、胡桃、黄栗之分，可惜并不外销，一定要到当地才买得到。

有一回到京都去玩，在祇园的"键善良房"吃到他们特制的烤番薯饼，惊为天人。……（但）日本最好的番薯饼产于九州的鹿儿岛，因为当地出产的萨摩番薯（さつまいも）味道特

心知肚明

别的香甜，所制成的番薯饼滋味更不同凡响了。它的番薯饼皮是西式的做法，饼面撒以黑芝麻。

和歌山市（古称纪州）"骏河屋"所制作的"木之字馒头"源自德川时代，馒头以发酵过的面曲，微含酒香，以蒸笼蒸熟后，饼面呈浅棕色，可生吃，亦可油炸后佐以酱油，确实是一种耐饥的点心。

以上内容，可作为阁下前往日本旅游时，品尝和果子的极佳指南。

和果子曾经在台湾流行一时，其种类实在太多，同一种类的玩意儿，又妙品纷呈，令人记不胜记，吃不胜吃。但可以肯定的是，和果子的盛行，必然会改变我们一些饮食习惯和风味选项。它们不但可当成正餐，也可充作点心，甚至可取代英国的下午茶，成为全方位的新食品。

拉面红透半边天

已故的食家唐鲁孙先生曾说:"早年的北平,大家有一种商业道德,抢行来做,是众所不齿的。不像现在做生意,只要那一行赚钱,大家就一窝蜂似的,争相趋之,非等臭一行,才肯罢手。"这话可是一点不假。

日本拉面拜哈日风之赐,面馆一再地开,台北街头到处可见踪影。雨后春笋,不足以形容其旺;过江之鲫,不足以形容其多。其实,当初拉面在日本大行其道的时候,每家拉面馆也搭上流行风,纷纷以"中华拉面"为号召,吸引大量人潮。现在在台北见到这种时空错乱的场景,还真会让人有今夕何世之叹哩!

日本人吃拉面的历史,可追溯到明末清初之际。浙东大儒朱舜水起兵抗清失败,东渡日本求援兵时,曾带去大批的中国文物,除了将羊羹、栗饼等的制作技术传给东洋人外,更把拉面的制法和盘托出。但诸君切莫忘记的是,朱先生在日本弘扬光大了"阳明学说"，并倡"尊君"之说，这可是奠定了日本步向现代化的"明治维新"的基础。

第一个记载拉面制法的典籍，为宋诩写于明孝宗弘治甲子年（十七年，一五〇四年）的《宋氏养生部》。不过，它起初的名字叫"扯面"，后来再叫"抻面"，最后才叫"拉面"。

扯面在做法上，已经符合科学的物理规律。首先，为了增加面的韧性，用少许盐入水和面。其次，为了让和好的面团保持一定的温度，使其软硬合度，利于左右抻拉，故"夏月以油纸单微覆一时，冬月则覆一宿"。再次，为使面分子的结构调整到顺纵向排列，经反复多次加速运动，而扯拉均匀，拉长拉细，乃"缠络于直指（食指）、将指（拇指）、无名指之间，成为细条"。吃的时候，则"先作沸汤，随扯随煮，看其熟否，先浮水面上之面条先捞"。

真正使拉面扬名立万的地方是山东省烟台市的福山区，故称"福山拉面"，又叫"福山大面"。拉面起先在胶东盛行，后来传至山西、陕西。据清人薛宝辰《素食说略》的记载，这些地方的拉面，不仅可以拉成细条，还可以拉成三棱形或中空形的面条，令人叹为观止。

福山是个"烹饪之乡""厨师之乡"。从明清到二十世纪二十年代前后，北京、天津一带的各大饭馆，几乎是"福山帮"的天下。像北京"八大楼"之首的"东兴楼"，"八大居"中的"同和居"，以及"丰泽园""致美斋""福全馆""惠尔康"等，天津的"登瀛楼""致美楼""全聚福""中兴楼"等，"厨房里的大师傅，更是一片胶东口音"（《齐鲁烹饪大典》），由此便可知其盛况。日本和朝鲜，亦是其势力所及。据一九二九年的统计，福山人在这两地开的馆子，竟高达五百家，其影响之大，真是无出其右。因此，拉面会在日本盛极一时，实与拉面故乡的福山师傅息息相关。

另，据日方资料，拉面在日本落脚生根之处，乃横滨市的中华街。起因是欧美贸易商的随从或翻译人员（来自广东的清人）于横滨开港（安政六年，一八五九年）时，就留居在此，形成了唐人街。直到明治三十年（一八九七年）左右，这里的馄饨和"柳面"（一种加上柴鱼、海带、酱油等材料制作成的清汤拉面），已是日本知名的美食了。

拉面会在日本普及，除了与福山帮的厨师有关，还有一些重要助推因素，则是大正中期发生的关东大地震。在瓦砾下的东京，很多人无以为生，于是制作简易、成本低廉的拉面摊，便如雨后春笋般地冒出来。

在昭和初期的菜单上，拉面已占显著地位，虽有"老面""柳面""面"和"拉面"等名称，但指的却是同一物。而昭和八年（一九三三年）出版的两本刊物，已明白地道出拉面在当时的价钱、种类及演变等，颇具参考价值。

第一本是丸之内出版的《大东京美食遍尝记》。其中就提到"数寄屋"（茶室）、"雪正轩"的拉面（十五钱），和圆形建筑物下面"花月"所做的"柳面"（十五钱），并批评"花月"的产品为"仅以中国竹笋为材料，连一片瘦肉也没有的清淡型食物"。事实上，"花月"的这种拉面，乃是从广东省高要县（今肇庆市高要区）传来的"卤水笋面"，素雅而甘，现横滨伊势佐木町的"荣滨楼"，仍有出售。

第二本是《妇人俱乐部》杂志的十一月号，其内所附的《适合家庭料理的中国菜三百种》中，即有"中国拉面"。

此外，当时知名的喜剧演员吉川罗津波，也在他的长篇日记内，提及吃中国拉面的食趣。

甲午战争后，日本人气焰高涨，称拉面为"支那拉面"。抗战胜利后，日本人便恢复以往的叫法，换称为"中国拉面"或"中华拉面"。但北海道、九州两地为别出心裁，抬高身价，竟标榜自己成"道地拉面"了。

最近几十年来，拉面如火如荼，红遍东瀛各岛，继而流行于台湾。一则是因日本的物价奇贵，生鱼片、寿司、天妇罗、鳗鱼饭等耳熟能详的食物，都属高档食品，不是人人每天可以消费得起的，而拉面则物美而廉，老少咸宜，遂成为大众的宠儿。二则是日本电视上常举办"拉面大对决"，请来当地有名的厨师，几个人一起比赛，看谁的拉面做得好、做得快，通常以十分钟为限。每位师傅从和面、揉面做起，一直到拉成面条，并当场下锅，数量最多、质量最佳的就是第一名，可领巨额奖金。其节目之紧凑精彩，每令观众如醉如痴。

拉面不但深入民间，且曾是宫廷里的点心。在爱新觉罗·浩写的《食在宫廷》一书内，便载有清宫拉面的做法，虽写得很简略，但可一窥其奥。诸君如依此制作，不失为一简单之法，既快速，又方便。

其做法为：

> 将筋力大的面粉放入面盆内，倒入水，再加入百分之三十五的盐水，用手和匀揉透，盖上一块湿净布，饧一小时。

将饧好的面团放到案板上，撒上面粉，用大面杖将面团擀成三毫米厚的片，再用刀切成三毫米细的条。

大锅内倒入清水，烧开后用双手将切好的面条抻成一点五毫米细的条，随抻随下入锅中，约煮三分钟就可以捞出。

其拉面的吃法计有六种，分别是鸡丝汤面、什锦汤面、虾仁炒面、三鲜炒面、打卤拌面及炸酱拌面。此与日本北海道的盐、酱油与味噌三种味型的吃法比起来，极饶真趣，自有天地。

东洋拉面花样多

日本拉面发源于山东省，如照新横滨"拉面博物馆"陈列的资料来看，是明末的大儒朱舜水东渡日本时顺便带来的，至今已超过三个半世纪了。

而今在日本拉面的制法，已不囿于山东式用手配合指力抻拉的面条，而是融华北流派（拉面、�面、打面）与华南流派（面、切面）于一炉的综合体。其中，打面是以竹竿跨于面团之上，故称之。而使用短面棒将面团拉平的手法称"面"；擀好的面用刀切成条状，即是"切面"。

中国人吃拉面是不拘形式的，可冰镇成凉面；可做成炸酱面或麻酱面，干拌着吃；可做成炒面，以炒肉丝、木樨肉、虾仁等为主；可煮成汤面，以三鲜、虾仁等为主；也可打卤做成浇头吃；或在上面加料，如炸排骨、炸鸡腿等。食味极多，不拘一格。

比较起来，日本人吃拉面仅有一途，就是煮着吃。先把汤烧好置碗内，再将下好的面条置于其中，接着将各式的面码（如叉烧猪肉、笋干、海带嫩芽、紫菜、卤蛋、玉米粒和绿豆芽等）铺排其上，考究的，除汤头外，尚注意摆饰，或以料繁取胜，或以素雅见长。其已将中国的"锅文化"与西方的"盘文化"合而为一，充分发挥日本人善于吸收并淬炼外来文化的特色。

熬高汤是日本拉面好吃的关键。传统的熬法是山东式的，主要用猪大骨、鸡骨架（考究的用全鸡）等，以葱、姜等去腥，甚至加苹果、马铃薯等同熬。日式的熬法较为清淡，通常用柴鱼、小鱼干、海带及菜蔬等。前者较鲜香，味隽而永；后者则甘甜释出，味走轻灵。至于哪个对味，就由消费者自由心证啦！

以味型来论，日本北海道的拉面有盐、酱油及味噌这三种基本味型。其味道不尽相同，颜色则在深浅上颇有出入。如以地域区分，则有横滨、喜多方、博多（又名福冈）及札幌四种口味。美食作家周芬娜依其个人经验，认为"横滨的拉面最接近中国的风味——以横滨电车站内的'聘珍楼'面馆最为道地"。但据我个人的认知，横滨的拉面较富粤式的风味，虽有一些新花样，但万变不离其宗。目前最坚持原味的有"荣滨楼"的"卤面"（面码只有笋片，正中有点生萝卜丝）和"养成轩"的拉面。后者所用的广式叉烧，与日本一般用的叉烧肉，完全不同。

在佐菜方面，最突出的有两处。一是博多地区的红咸菜，此菜配上猪骨熬成的浓白汤汁拉面，风味确实不凡。另一是鹿儿岛地区的黄萝卜或芽姜，由于其拉面所选用的是用鸡架子、猪大骨、草菇或黄豆芽萃取出的汤汁，淡雅素净，看起来就很舒服，具有宋代"山家清供"式的美感。

有趣的是，浙江人也在日本拉面界占有一席之地。如日本前全垒打王，现为职棒界闻人王贞治的父亲王仕福，即是其一。另，大正末年就到喜多方开设"源来轩"的潘钦星老先生，是日本拉面界的元老之一，他还曾是最高寿的拉面业者，有"喜多方拉面之父"的美称。

　　在日本还有两支拉面主力，一是什锦面，一是馄饨面。前者号称"拉面之父"，后者又称"拉面之母"。正统的什锦面即"五目面"，又有"古代的盛筵"之誉。像东京的"新雅"，其拉面内容就很丰富，计有叉烧、猪肉、鱼板、甘松、窝鸡蛋（蛋包）、鱼肉卷、洋葱、白菜、木耳、胡萝卜及卤笋。据说这些面码自昭和二十三年（一九四八年）开店以来，就未曾改变过，从这里也可看出日本人坚持传统的一面。此外，东京的"江口"和"高扬"，也是有名的什锦拉面店。

　　日本人钟爱的馄饨面则有两处，其一是东京"支那面店"，类似温州大馄饨的那种馄饨面，其二是与台式一抹肉馄饨极类似的东京"味助"馄饨面。至于水饺面，有人谑称它是馄饨面的"表弟"，目前以东京"信华"的风味最佳。

　　黑色的拉面亦有两起。一个是下关"一寸法师"的咖啡拉面，据说它在日本是独一无二的，有人戏称它是"因丑陋而好吃"。在咖啡色的拉面上铺陈的面码是剖半的水煮蛋、樱桃、一小块鱼板，且在几片西生菜叶上，加两片去皮西红柿，拙趣十足。另一个模样挺吓人，但很受北海道人欢迎，据说北大医学院的教授常来捧场，此即"炉"的特殊拉面。店主人曾透露它之所以黝黑，在于用猪油炒绿豆芽、洋葱及乌贼、海扇（或蛤仔）、海螺等鱼介类，再将炒过的猪油用大火熬两三分钟。而其特别好吃的关键则在于温度。其秘方为"刚开始吃时以七十八度最棒",如客人能在六十度时吃完,那就是最可口的拉面了。

诸君别看目前日本拉面横扫台北,其实早在三四十年前,来自台湾的肉燥拉面(如东京的"亚寿加")和川味牛肉拉面(如东京"快乐轩"的牛肉面,日本人称它是"恐怖的麻辣拉面"),都曾刮起一阵流行风,最后让东京"利后"的辣味拉面拔得头筹,夺得"辣味顶峰"的头衔。

由于台北嗜食麻辣锅的人不少,"地狱拉面"(让人吃得稀里呼噜、汗水鼻涕齐下的各式"辣"〔"拉"的谐音〕面),竟成台北一些拉面店的"人气料理"。这种结局,应是当初桃园中坜的叶先生(他把川味牛肉面式的拉面引进日本)所始料未及的。

日式咖喱强强滚

拜日本料理广受欢迎之赐，拉面拉出长红，现仍脍炙人口；日式咖喱见状，赶忙挟势入侵，准备大捞一票。这波"攻势"来势汹汹，既有平价和风，且有精致欧风；风力所到之处，绝非一池春水，而是滔天巨浪。

咖喱是 curry 的译音，起初盛行于印度南部和锡兰一带，字源应是印度南部坦米尔语的 kari，本义为调味酱，其中成分不一。最常见的是咖喱粉，其成分多至十余种，以姜黄为主料，配以白胡椒、小茴香、桂皮、姜片、花椒、甘草、橘皮、胡荽、八角、香菜籽等磨粉制成，呈姜黄色，味辣而香。不过，它各种配料的成分、比例颇不一致，所以各种品牌的咖喱粉，其色味每不同，很有意思。

除咖喱粉外，还有油咖喱。它是以咖喱粉为主料，另用生姜、大葱、洋葱头、大蒜、辣椒粉等，均磨成细粉，作为配料，与花生油一起熬制即成。其味比咖喱粉更鲜美有味，使用上更为方便。只是在包装方面不及咖喱粉简易，市面上罕见。

目前的咖喱粉，已是西餐中重要的调味品之一；而在中餐、日餐里，其使用率也大为提高，已愈来愈普及，渐占一席之地。

运用咖喱粉调味的菜肴，在色、香、味各方面，都能展现其特色。一般在烧菜时，手法有洒、炒、调三种。洒最简单，如烧牛肉汤，洒入烧熟即可，比例拿捏得当，火候掌握得宜，无不香喷适口。但在烧马铃薯、鸡、鸭等菜肴之时，必须趁起锅前撒入干粉，翻炒至均匀乃已。

炒要麻烦些，是将干粉入油锅略一煸炒，再把待烧之菜肴入锅翻炒烧煮。调的手续比较多，先将干粉加水调浆，加入葱、姜、蒜的碎泥，倒入油锅煸炒后，随即把主菜肴倾入锅中，经翻炒烧煮即成。

大体而言，煮菜时，先将咖喱粉调浆煸炒，远比直接用干粉煸炒为佳。由于干粉煸炒之际，其油温如过高，颜色容易焦黄，卖相很不讨好。加上它缺葱、姜、蒜等调味料增香，味亦相对逊色，生手切莫轻试。

凡是用咖喱粉调制的食品，通以咖喱称之。最为大家所熟知且享用最多的，应是咖喱鸡。散文大师兼美食家梁实秋忆及往事，说他"在民国元年左右，初尝此味，印象极深。东安市场的中兴茶楼，老板傅心斋很善经营，除了卖茶点之外兼做简单西餐。他对先君不断地游说：'请尝尝我们的牛爬（即牛排），不在六国饭店的之下，请尝尝我们的咖喱鸡，物美价廉。'牛肉不愿尝试，先叫了一份咖喱鸡，果然滋味不错。他们还应外叫，一元钱四只笋鸡，连汁汤满满一锅送到府上。我们时常打个电话，叫两元的咖喱鸡，不到一小时就送到，家里只消预备白饭，便可享有丰盛的一餐。家人每个可以分到一只小鸡，最称心的是咖喱汤泡饭，每人可以罄两碗"。

当时的咖喱鸡是很原始的，"只是白水煮鸡，汤里加些芡粉使稠，再加咖喱粉，使成为黄澄澄辣兮兮的而已"。现在的做法比较考究，"鸡要先下油锅略炸，然后再煮，汤里要有马铃薯的碎块，煮得半烂成泥，鸡汤自然稠和，不需勾芡"。当然，再加添洋葱或红萝卜等，就更丰富可口了。

由于咖喱极尽变化之能事，故厨师各师各法，各有手宝（秘方），即使其配料不变，但分量肯定不同。像港、台中西餐厅，厨房师傅所煮出来的咖喱鸡，咖喱粉常不一样，且食材出入亦大。

据章心（香港食评家）透露，一位前辈大厨烹制咖喱鸡的手法是：

> 鸡一只。配料：咖喱粉半瓶，油咖喱半瓶，苹果一磅，香蕉半磅，洋葱二个切粒，柠檬一个切为二截，马铃薯一磅去皮，老姜半斤，青椒四两，椰子汁一茶杯，上汤一加仑，牛油或植物油六安士（即盎司），盐、味精、粟米粉各适量。
>
> 将苹果、香蕉、红椒、青椒、老姜等洗净后，全部放入绞肉机内绞烂；用油起镬（锅），将洋葱粒炒黄，加入油咖喱及咖喱粉同炒一会后，再加入绞烂了的果蔬酱、柠檬、上汤、椰子汁同煮沸，即成咖喱酱。

此秘方妙在以水果入咖喱，能起温和及调味的作用，降低咖喱的干与燥，值得取法。另，巴基斯坦人的咖喱爱用西红柿，其量颇多，入口清新，堪称一绝。

近二十年前，率先登陆台北的日式咖喱连锁，都是以专门店的面目呈现。走精致欧风咖喱路线的台北"茄子咖喱屋"，开张不满半年，已出现超人气，天天大排长龙。据侧面了解，"茄子"风行日本近三十年，是个著名咖喱老店。台北店的卖点有二：采用日本原店的咖喱配方，熬制耗时费工的酱底。其秘诀，在于厨师要花三天时间，将重达二十公斤的洋葱，先用小火慢慢炒成呈黑褐色泥状，再以此与红萝卜、西洋芹、月桂叶和多达四十种的综合辛香料，拌炒均匀，使成浓稠状，味馥郁辛香，然后配上入味的猪、牛、鸡肉和海鲜即成。端出奉客前，尚需加一片起士入浓汁中，以余温渐行融化，务使其成为一体。搭配着其金黄奶油饭而食，喉韵浓醇，香沉而永。此外，客人尚可依自己的喜好，选择五种不同程度的辛辣。

而走"日本咖喱品味"路子的台北"东京新宿咖喱"（C&C）连锁，则用独家配方的咖喱料理包（此料理包外卖时，以锡箔纸包装，因加苹果泥，口味偏甜）应战，自云"风味细致而温润，辣得和缓又够呛"。由于新台湾人嗜食麻辣，店家除供应招牌的肉类咖喱外，另推出迎合市场，有五倍与十倍辣的"超级咖喱"，有"胆"不妨一试！

至于标榜日式原味的"台北咖喱工房"，沿袭日本方式，酱底、肉料分别处理。这种肉料炸妥、汁浇其上的吃法，在市场上确有其一定的支持度。

台湾早年高级西餐厅的咖喱鸡，内容相当丰富。据梁实秋的讲

　　　　　　　　　　　　　　　　心知肚明

法，"除了几块鸡和一小撮白饭之外，照例还有一大盘各色配料，如肉松、鱼松、干酪屑、炸面包丁、葡萄干之类，任由取用。也有另加一小勺马铃薯泥做陪衬的"。他个人表示"并不喜欢这些夹七夹八的东西，杂料太多，徒乱人意"。所言甚是。现代人讲究的是朴质天然，这种华而不实、夹缠不清的玩意儿，嚼起来龙蛇混杂，众味纷呈，搞不清楚吃的是啥，当然没有市场，已成过眼云烟。日式咖喱能继之而起，并取而代之，不只是运势使然，而且是回归自然，一点也不稀奇喔！

锅物魅力大放送

在饮食的体系里，代表着东方的"锅文化"与代表着西方的"盘文化"分庭抗礼，各擅胜场。其中，锅文化源自中国并发扬光大，但近年受到东瀛流行风南渐的影响，日本料理里的"锅物"趁势入侵，引起不小的波澜。

爱新觉罗·浩在《食在宫廷》一书中写清宫里的"锅子菜"，计有十种，分别是菊花锅子、酸菜锅子、一品锅、八仙锅、什锦火锅、鱼头锅、蔬菜锅、野鸡锅、羊肉涮锅与豆腐锅。但这里头，并不包含曾在台湾风靡一时的四川毛肚锅（麻辣火锅，民国初年才发明）、潮州沙茶火锅等。而今，羊肉涮锅、酸菜白肉锅、鱼头锅、麻辣火锅及沙茶火锅虽不乏支持者及爱好者，始终占有一席之地，但日本锅物在宝岛已呈凌驾之势，甚至后来居上，倒也是不争的事实。

首先叩关的为关东煮，早在日本殖民统治时期即有。此锅俗称"黑轮",乃日本"御田乐"(简称"御田")的译音。它是一种把烤豆腐涂上味噌食用的料理,其名源自往昔农耕时期祈求丰收的"田乐舞"。据古文献记载,当时舞者所穿的白色裤裙,模样像极豆腐,因而叫作"田乐"。田乐在江户时期纯用味噌烹制,现行的吃法则完成于明治时期。黑轮目前在台湾传统日本料理店与夜市等地,仍常见其踪影。

黑轮的姊妹品,则为颇具创意的味噌火锅(又名"牡蛎锅""土手锅""堤防锅")。味噌已非蘸料,而是用来调味。其特别处在于在浅锅的锅沿,涂上一层厚厚的白味噌,先添清水、豆腐、葱段等一起煮滚,接着再下牡蛎煮熟同吃。其妙固在具有味噌香气,同时味噌可延缓温度上升的速度,使牡蛎不致因过度缩水而太老。

而日本的"千里锅",像煞杭州的"砂锅鱼头",主配料也很近似。它是以葱段、豆腐、菇类、白菜加上各式各样的鱼虾贝类以滚水煮成,蘸以清淡的柑橘醋,主要是吃其鲜美原味,充作家常菜式的,有"鳕鱼千里锅""旗鱼千里锅"等。如果考究些,锅底可改用昆布高汤。料则丰俭由人,高档的,还另添鲷鱼、龙虾、墨鱼等料。此锅又名"涮鱼锅",其近亲则有鱼肉锅、鱼酱锅、葱鲔锅、鱼片锅等。

"什锦锅"是关西地区的名锅,它是使用鱼贝类、虾子、鸡肉、罐头食品、蔬菜、菇类、豆腐、酸菜等各种能让汤头更浓的食材所做的火锅料理。由于料繁味甘,吃起来能使人洋溢快乐的感觉,一称"快乐锅"。另,加入油炸物如飞龙头丸(将红萝卜、百合、竹笋、木耳丝、剁碎之白果、滤净水分的豆腐、碎山芋和其他蔬菜搅拌,捏成丸状,以热油炸成)的什锦锅,另称之为"随意锅"。

"石狩锅"是颇具代表性的乡土锅，源自北海道的石狩川，它是以石狩川的鲑鱼加上菜蔬及味噌而得名。食材方面有生鲑鱼头、肉、骨及卵，还有蔬菜（如白菜、萝卜、红萝卜、香菇、葱等）和豆腐。佐料方面则是味噌、酱油、甜酒或日式辣椒和花椒粉（后二者可视口味，自行斟酌其量）。享用时，边煮边吃，其趣无穷。由于鲑鱼秋季始有，故此锅一名"秋味锅"。

另，"河豚锅"是以河豚煮成的火锅，可归为"千里锅"之流，特征是用酱油、醋为佐料，并以盐腌萝卜泥、枫叶片增添风味。河豚以毒性大著称，其毒如未去尽，即有致命之虞，连日本人也害怕，特称其为"没命锅"。

如果说"河豚锅"是视死如归的勇士吃的，那么由味噌汤做锅底，内含大白菜、黄豆芽、韭菜、豆腐和猪内脏五种食材的内脏锅，肯定是力士吃的。这些相扑力士，决胜常在于一瞬之间，需要很强的爆发力，而在对峙时，更需持久力，故这营养丰富、热量奇高、物美而廉的锅子，便是他们的最爱，一次能吃五六人份的，大有人在。此亦称"力士锅"。

相对于内脏锅的粗犷，纸锅就显得雅致多了。日本纸原本就耐火，经过防水处理后，虽非水火不侵，但也不容易破。此纸铺在锅上，像极了绽放的白花，充满洁美神韵。而这特殊纸质，则可在锅具专卖店购得。在吃之前，食材全置锅中，以质软易熟为佳，且以水覆其表为度。汤汁得放多少，当是造治重点，过少纸会烧焦，过多则会溢出。

现在所要谈的，则是居日本锅物主流地位的"涮涮锅"与"寿喜锅"，前者日文为しゃぶしゃぶ（Shabu-Shabu），俗称"呷哺呷

哺"，乃清淡的关西风味；后者日文汉字原名叫"寿喜烧"，又名"锄烧"，通称すき焼き（Sukiyaki），具有浓重的关东风味。两者的相同处，在于以牛肉为主料；相异处，首在涮涮锅饮其汤，而寿喜锅的汤，一般是不直接喝的。

日本饲养的肉牛，在国际上声誉至高，通称为"和牛"。其高级品，皆以产地命名。最为大家耳熟能详的，有松阪牛、神户牛、近江牛、山形牛等。此牛肉至嫩至滑，足令人为之绝倒。不论是涮是烧或是生吃，皆妙不可言。

涮涮锅的源头，绝对是北京的"涮羊肉锅"，只是日本没有西口肥羊，倒有极佳和牛，易羊为牛，其变则通。在享用时，把片得极薄、表面布满大理石花纹（一称"雪花"）的上等牛肉，一涮即食（须蘸加了酱油的水果醋），味蕾便如百花齐放，非常惹人食欲。而锅料中的蔬菜和豆腐，另蘸加了醋的芝麻酱而食，亦是美不胜收（蘸时无须太多，以保持食物清鲜）。

当所有食材涮毕，好戏尚未终结。那一锅吸足各物精华的上汤，滋味非同小可。放些米饭进去，再加点葱、姜、海苔，打入蛋后，即是饱腹的完美句点。这种类似江南汤泡饭的吃法，日本人则称之为"杂炊"。

现在台湾接受度最高也最为普及的火锅，首推涮涮锅。其专门店林立，而且一人一锅。只是它平价、食材多样且大众化的风格，果腹颇有余，品鲜则不及。

比起自主性甚高的涮涮锅来，寿喜锅则是一种桌边料理，大店从头到尾，都是由服务人员为客人煮菜、夹菜。其传统的做法为：先以牛油热锅，再依序加入大葱与洋葱、牛肉、茼蒿、豆腐，并在适温时，撒上砂糖与酱油。现今流行的做法，则是以味酥、酱油、糖、料酒煮成一种称为"割下"的高汤，在用牛油炒香洋葱与大葱后，铺上牛肉，倾入"割下"，再放进其他食材。一般餐厅会为客人先行将锅底炒好，方便客人煮熟食用。此法亦可制成便餐，深受大众欢迎的"牛丼"（Gyuu-don）即是。

寿喜锅须选用油花较密、既肥且嫩的高级牛肉，当其吸饱汤汁后，才会鲜腴入味，美味异常。然而，创自明治时期，当时称为"牛锅"的寿喜锅，曾被誉为文明开化的料理，口味偏甜，吃不惯的，恐难消受。不过，可以肯定的是，在品尝此牛肉时，先裹上一层蛋白，不仅能让口感更滑嫩，且可收降温退火之功。

牛肉固然是要角，猪肉也不遑多让。除猪肉锅外，尚有号称隔夜还想再吃的"常夜锅"（一名"消夜锅"）和以野猪肉为主料的野猪肉锅。后者很有意思，因俗谚云"牡丹是野猪"，又称"牡丹锅"。

有了鱼与肉，自然少不得鸡和鸭。盛行于博多的水煮鸡和冬季常享的鸭肉锅，便是其中代表。而以牛蒡、泥鳅和蛋黄为主料，适合夏季享用的"泥鳅锅"（一称"柳川锅"）跟关西地区的"鳖锅"（又名"丸锅"），均是有名的另类锅物。此两锅台湾已跟着引进，将引发何种效应，尚待进一步观察。

此外，还有使用香菜，一称"滋哩滋哩锅"的锅料理，用白萝卜泥为主的"雪锅"，堪为豆腐料理中代表锅物的"汤豆腐"，以乌龙面为主的"乌龙面锅"，以及用清酒的酒糟为主料的"粕锅"等，五花八门，细数不尽。

若值北风起兮，严冬将届，各式火锅纷纷出笼之际，跟着流行风，品尝些锅物，应是祛寒暖身的绝佳选项，值得期待。

韩国烤肉曾热门

随着一些韩星在台湾走红，走红多时的韩国烤肉，随之水涨船高，以致在台北的饮食界刮起的阵阵韩风，曾经到了红得发烫、红得发紫的地步。

提起韩国烤肉，知名的旅游、美食作家周芬娜在《韩国烤肉在美国》一文的收尾处写得极为传神，在此特别引介，并录精华如下：

> 韩国与中国东北接壤，在血统及外表上，也与东北人十分近似。他们的饮食固然受中国东北的影响，却也有其独创的风格及菜色。他们吃烤肉的习惯，就十足显现了北方民族的剽悍，而绝不类烟雨江南吃鲥鱼、春笋的风雅。我从未去过东北，却总向往着那白山黑水、茂林深湖的气魄。每次去吃韩国烤肉时，望着座上韩国人那五官分明的北方脸谱，我心里想的却是松花江及长白山。这种血缘文化上的亲切感，更加深了我对韩国烤肉的深情。吃不只是口腹之欲，更是一种精神上的渴求。比起

吃韩国烤肉和美式的烤牛排来，前者更能满足我的味觉和充实我的心灵。原来我在美国住了二十年，我的心却还是完全中国的。

文章文情并茂，读之有物，确为佳篇。文中并提及"韩国烤肉在美国是一种很受欢迎的佳肴。纽约和旧金山等大埠，都有韩国人聚居的社区。纽约的韩国区是第四十七街一带，我旅居纽约时，很喜欢到那里的'江西会馆'去吃韩国烤肉。'江西'指的是韩国的汉江以西，而不是中国的江西省。旧金山的韩国区，则在日本城附近"。

看来是口有同嗜，老美爱吃韩国烤肉也同于目下的台湾。在此，且先谈谈我个人在首尔吃韩国烤肉的体验。

早在十五年前，我应当时韩国旅游协会理事长龙先生之邀，特地去首尔帮他看办公室及住家的风水。首日看罢办公室的地理，他便邀我去附近一家闻名遐迩的烤肉店享用晚膳，其小菜之可口和主菜之精彩，让我大开眼界。

首先奉客的是著名的小菜，约有个十来碟，甜咸酸辣毕备，有些还是原味，并不如想象中的纯以酸、辣取胜。就我记忆所及，其泡菜类有海带芽、黄豆芽、大白菜、芜菁、萝卜块、白菜心等，其他尚有油豆腐、绿豆凉粉、鱼饼、马铃薯色拉、鲑鱼卵等，琳琅满目。为了大膏馋吻，我一一点尝，吃得不亦乐乎。据说韩国人制作泡菜，讲究单手（通常是用右手，左撇子才用左手）搓揉搅拌，如用两手，即落下乘。可是我不能分辨我所吃的，究竟是单手还是双手做的。其次，竟是难得吃到的"酱蟹"。它只是以豆酱腌制蟹只，早在宋元时期即有。此豆酱依西汉史游《急就篇》

上的记载，乃"以豆合面而为之也"。它又有黄酱、老胚酱、大酱、京酱、油胚等名目，是以黄豆或黑大豆为原料制成，也可加米、麦子或面粉一起制作。此酱蟹的制法不难，只消把生螃蟹腌在豆酱里一段时日，俟入味即可食用。生螃蟹的鲜甜和豆酱的甘香不断释出，格外诱人，没花多少时间，我已一整只落肚。

主角终于上场，乃上好牛肉，亦杂些牛小排和牛肚。此肉妙在腌得好，其腌肉汁至佳，以香美著称。细品之下，原来是酱油、麻油、大蒜、葱、糖和辣椒等的组合，故烤出来的肉又甜又香又辣。牛肉纯用上好沙朗，片得极薄，边缘则切条状，服务人员夹此以炭火炙烤，火旺但不老，薄嫩条脆，各有千秋。牛小排则外焦里嫩，带些韧劲，咬来真是过瘾。牛肚以鲜脆见长。三者搭配着冰清酒和啤酒吃，果然相得益彰，光是我一人，即连尽五盘。

最后喝的，则是碗色白、浓郁清醇的牛尾汤。些许葱花、胡椒，飘浮在乳白的汤汁上，光看其色相，便诱人馋涎啦！先吃牛尾，皮嫩肉细，随即啃个精光；再饮其汤，浓中带鲜，厚不掩清，十分美味。

此外，在吃烤肉时，裹以色翠绿、大而厚的罗曼生菜叶（Romaine Lettuce）而食尤佳。韩国人更会在叶上涂抹豆酱，以添风味。此与越南人在享用生菜裹油炸春卷时，会蘸鱼露酱汁吃，堪称异曲同工。不过，这两种吃法，皆源自中国。其因在食烤、炸食物之际，极易上火，如将其包在性凉的生菜叶中再吃，则有去火之功。然而，菜叶会减弱烤肉或炸春卷的焦香味，故抹上豆酱或蘸以鱼露酱汁，以增味添香。

韩国烤肉的肉类包罗万象，除了牛、鸡、猪及各色海鲜（主要是鱿鱼）外，还遍及牛肚、牛肠等内脏。而在吃烤肉简餐时，还会附上泡菜、牛骨汤、白饭（装填在不锈钢碗内，热气直冒）及甜点。我个人则爱于吃完烤肉后，来点荞麦凉面，既富嚼劲，又降火气。

其实，韩国烤肉的烧炙法来自号称"京师（北京）三大风味美食"之一的烤肉。此烤肉之法虽周代已有，但清代以后，由于烹调技术的改进和使用工具的改革，烤肉才日臻完美，造就一股新食风，民间亦开始出现了专营烤肉的店铺和摊商。清宣宗道光年间，诗人杨静亭还赋词云："严冬烤肉味堪饕，大酒缸前围一遭。火炙最宜生嗜嫩，雪天争得醉烧刀（指烧刀子，即白干）。"

一九三五年刊行的《旧都文物略》介绍了北京人的生活状况，称北京人"饮食习惯，以羊为主，豕佐之，鱼又次焉。八九月间，正阳楼之烤羊肉，都人恒重视之。炽炭于盆，以铁丝罩覆之。切肉者为专门之技，传自山西人，其刀法快，而薄片方整，蘸醯（醋）、酱而炙于火，馨香四溢。食者亦有姿势，一足立地，一足踏小木几，持箸燎罩上，傍列酒尊，且炙且啖，往往一人啖至三十余盘，盘各盛肉四两，其量亦可惊也"。《都门记略》亦指出："正阳楼以羊肉名，其烤羊肉置炉于庭，炽炭盈盆，加铁栅其上。切生羊肉片极薄，渍以诸料，以碟盛之，其炉可围十数人，各持碟居炉旁，解衣盘礴，且烤且啖，佐以烧酒，过者皆觉其香美。"由此观之，其食法基本上与今日的吃法雷同（早期的韩国烤肉吃法，亦是如此）。

"正阳楼"起先固然独领风骚，但自"烤肉三杰"（知名报人金受申之语，即"烤肉季""烤肉宛"及"烤肉王"这三家烤肉专卖店）继起，烤肉即风行大江南北。韩国因地利之便，便第一个流行起来。

至于以生菜裹烤肉的吃法，则来自明宫廷的"包儿饭"。据明末太监刘若愚所著的《酌中志·饮食好尚》记载，每年四月，"又以各样精肥肉、姜、葱、蒜锉如豆大，拌饭，以莴苣大叶裹食之，名曰'包儿饭'"。另，清太祖努尔哈赤率军前往沈阳作战时，途中因粮草接济不上，曾以随手摘得之大白菜叶裹以残粮剩饭渡过了难关。故满洲人一直保留此一食俗。这种吃法传至岭南并经改良后，成为生菜虾松，即越南人以生菜裹以炸春卷而食的原始风貌；而紧邻东北的韩国，则以此法吃烤肉。

现今的韩国菜馆，在装潢时，已装置新的抽气系统（不像以往用大烟罩，有碍观瞻且烟雾弥漫），故整个格局给人的印象是舒适典雅，且空气清新。相信在这样的环境之下，进食美味的韩国烤肉，应不失为严冬时节的一项绝佳选择。

越南菜劲爆十足

中国菜和法国菜，现已分别为世界美食之代表，各甲一方，各擅胜场。而越南得天独厚，与此二者都有渊源。就其历史背景而言，其曾几度划入中国版图，并一度沦为法国殖民地；如就地理位置来看，更是紧邻中国的两广及云南。由于有这两层关系，越南人文自不免受中、法之影响，而来自中国的尤其深远，菜肴亦是其重要环节。故结合中菜、法国菜及当地传统厨艺的越南菜，颇能适合东、西方人的口味，得以左右逢源，进而独树一帜。

二十世纪八十年代初，越南菜曾在港、台二地，尤其是香港盛极一时。从九十年代以来，在河粉和越南小点专卖店的强力推动下，越南菜已风靡新大陆，复转进欧洲和日本等地。而它是否能在港、台造就"第二春"的荣景？

越南菜会在台湾流行，实与其接近中菜风味和已渐普及的西菜接受度两者息息相关。不过，越南菜本身亦有其独特魅力，这就关

心知肚明

系到它别具一格之香料与酱汁了。其中，又以香茅和鱼露最为突出，不可或缺。但如细究其渊源，前者师承自云贵高原的傣族，后者则由闽、粤等地植入，完全是中国的风味，只是改头换面而已。

今试以"香茅草烤鸡"和"牙车快"为例，来见其所受影响之深。

香茅是禾本科植物香茅的全草，又称柠檬香、香巴茅、姜草、大风茅等，其味辛、性温，具有疏风解表、祛瘀通络之功效。其主要产地在云南西双版纳州和德宏州，越南北部山区的产量亦多。世居云贵的傣族，长久以来便用香茅草捆扎鸡身，并以栗炭火烤制，所得烤鸡色泽金黄、外焦里嫩、辣麻鲜甜、清香扑鼻。合拢两半之鸡，以香茅叶捆扎，是高档吃法；而在越南餐厅吃的，通常是扎鸡块，外观与风味皆逊。此法亦可治烤鱼、烤青椒大虾等菜，现已成为一道颇受欢迎的越南料理，其味异香，值得一试。

"牙车快"是越南语的音译，是个冷盘。其前身为广西的"熟撕鸡"，此鸡上浇蚝油，腴软甘芳，糯中带劲，为一有名的小吃。但目前越式吃法，则是以手撕的鸡肉、鸡内脏，加切丝的花椰菜、九层塔和一种俗称"寮菜"（La Lien）的叶子，上淋大量的鱼露，拌后而食，爽辛适口。

鱼露是越式冷盘菜的灵魂，其好坏直接影响菜的风味。一般是在其内添入柠檬和椒末，既不能太咸、太辣或太甜，又要介于腥与不腥之间，口味繁复，鲜而不烈，才算上品。而最常用来蘸鱼露的菜，则是"炸春卷""蔗虾"与"咸肉"（又名"脍肉"）。

越南春卷的个头，比粤式饮茶的来得壮硕，用料亦大不相同，除用鸡丝、虾仁、笋丝、菜丝为馅炸成之外，吃时还得自力救济，即用手或筷子夹起包在西生菜片内，蘸着鱼露送口。这样一来，不仅春卷爽脆甘香，而且此一生菜，会中和油炸后所产生的热气，降低其燥热感。此法类似于"生菜虾松""菜包""包儿饭"等。此菜是一道源于明代宫廷，后被八旗军与广东师傅发扬光大的传统中国食味。

蔗虾上的虾胶，是地道广式手法，乃是用鲜虾制成，再裹于竹蔗（今港、台无此物，全以甘蔗代之）上，以炭火烧熟而食。此虾胶制作上颇费工夫，而这正是决定它好吃与否的关键所在，其标准是咸甜相济、爽口弹牙。

此咸肉与客家的手法不同，仅用腌料略腌，而且要生食。其旁常置米粉团（越南人称为"滨海"），很有特色。

至于用鱼露烧菜，最出名的是"碌味乳鸽"和"香露大头虾"。前者是用鱼露取代风行岭南的柱侯酱，风味特殊；后者是以越南产的大头虾（与泰国大头虾同一品种）当主料，其肉质虽嫌粗韧，胜在有嚼劲，虾头内的虾膏尤美，厚大而红。用鱼露煎煨，极甘饴鲜美，乃一道既可佐膳又可下酒的佳肴。

而最具法式菜系风味的美馔，分别是"黑椒牛柳粒""烧羊仔排""啤酒焗蟹"和带有中菜影子的"香橙鸭"。黑椒牛柳粒是能考较厨师镬（锅）上功夫的一道菜。其制法为：以研碎的黑椒将牛柳粒腌透，然后爆香蒜蓉、洋葱、红葱、西芹，最后下黑椒碎粒和面粉，文火炒两分钟，徐徐注入牛肉汤和清水，调成酱汁备用。接着以牛油起镬（锅），将牛柳粒从猛火转中火，炒至半熟，浇上酱汁即成。此菜妙在味醇而香、鲜嫩可口。倘本领不济，牛柳铁定粗韧乏味，干硬难咽。

烧羊仔排首重松软滑嫩，色泽金黄；如色焦黑，干柴而老，膻气凸显，即落下乘。啤酒焗蟹乃用文火焗熟，以蟹肉鲜甘，酒香内蕴，别具风味著称。

融合中、法的香橙鸭，滋味不凡。鸭先整只去骨，用蒜蓉、辣椒粉、胡椒粉、糖、盐混合腌透，风干。调匀橙汁、柠檬汁、糖、醋，慢火煮至呈杏黄色备用。将鸭斩块，起镬（锅）爆香，注入上汤同橙片煨至柔软，再与酱汁烩片刻即上桌。此菜酸甜协调，开胃惹味，老少咸宜。

咖喱与南乳的运用，则是越南菜的偏锋。其对咖喱的烹制，允称拿手。例如，将肉蟹斩件，以咖喱和香茅用瓦罐煲制的"砂锅咖喱蟹"，色香味俱全；而"椰盅咖喱鸡"除滋味隽永外，尚有暖胃祛寒去湿的作用，适合冬日享用。南乳即豆腐乳汁，别饶食味。即以"南乳烧鸡"为例，其制法是先用南乳将鸡腹腔内擦匀，使其入味；接着以金针、草菇、大头菜填满鸡腹；再用白醋、粟粉及麦芽糖混合擦匀鸡身，吊起风干；然后以滚油炸至金黄（亦有置入烧炉烧熟者）；食时蘸以南乳汁，倍添食味。其制法比起港菜"当红炸子鸡"更为繁复，因它有苏菜"叫化鸡"的手法在内。

"鸭仔蛋"是越南菜中最令人闻之色变的一个怪菜。它是一种毛骨已具、尚未成形便胎死蛋壳中的鸭蛋，其形可怖，其臭无比，据说补益效果非凡，对女性贫血、子宫寒冷与男人肾亏虚损等症，均具疗效。其实，此蛋是标标准准、地地道道的中国风味。早在南宋时期此蛋即在杨万里等人的诗中出现，当时叫"鸭馄饨"，秀州（今浙江嘉兴）尤其出名。元人陶宗仪在《南村随笔》里记载："鸭馄饨，其名莫考所自，乃哺坊中烘卵出鸭，有半已成形，不能脱壳，混沌而死者。在他处为弃物，而秀州独以为方物。"此"臭蛋"在享用时，一般是连壳入水煮熟了吃，但有人独钟爱吃生的。嘉兴人特嗜此味，还称它为"嘉蛋"哩！

末了，要谈的是压轴美味"生牛肉蒙"。"蒙"是越南人叫河粉的口语。而这河粉，则是一道广东风味的小吃，又称"粿粉"，是以米浆蒸成薄粉皮再切成带状而成。其盛行于中国的广东、广西及海南，以广东沙河出产的最棒，故一名"沙河粉"。此粉薄白透明、幼细柔滑，非常可口。制成汤时，搭配的牛肉，有人喜欢半生半熟，其内带红者；有人则偏好全生，但要先食此肉，以免肉老不嫩。在越式小吃中，"生牛肉蒙"名气极大，吃时可单点，亦可当作餐后填饱肚子的尾食。

除以上的菜色点心外，越南饮品亦富特色。像冰凉润喉的椰青、色泽艳丽的三色冰和珍多冰，皆沁人心脾，能消渴解暑。越南菜能成气候，饮品亦为其成功要素之一。

久受中国烹饪技巧影响，深受法国菜熏陶，且具备本色的越南菜，其融会贯通后的"新中间路线"在宝岛迸出火花，声势复涨，餐厅、摊档林立，极受食客喜爱。

辑二

沪菜展雄姿

上海肴点说从头

早在二千四百多年前，上海就是战国四公子之一楚国春申君黄歇的领地，当时依仗江南鱼米之乡的自然环境，烹制的尽是乡土风味，亦即所谓楚、越之地的饭稻羹鱼。公元七世纪后，上海逐步发展成"江海之通津、东南之都会"，海外百货云集，各地商贾齐至，因此，其菜肴不论在选料、花色和风味上，均随之而扩充。据清人所著的《阅世篇》所记载，此时的上海菜业已达到选材广泛、品类繁多的地步。到了嘉庆年间，施润即有诗云："一城烟火半东南，粉壁红楼树色参。美酒羹肴常夜半，华灯歌舞最春三。"此亦反映了上海早期餐饮业风光之一面。

上海沿江滨海，港汊纵横，河鲜、海鲜、鸡、鸭、鱼、肉和各种菜蔬四季不绝，为烹饪业提供了丰富的食材。随着经济的发展，上海逐步形成地域性强的地方风味，其主要特点为：乡土风味浓郁；烹调方法以红烧、生煸、煨、炸、蒸为主，菜肴则浓油赤酱，汤汁醇厚，大鱼大肉，经济实惠。著名的菜肴有"生煸草头""青鱼甩水""红烧秃肺""炒卷菜""鸡骨酱""咸菜豆腐""肉丝黄豆芽汤""红烧圈子"（猪大肠）等等。总体来说，这些菜色较接近苏州、无锡、杭州、宁波、镇江、扬州等地的口味，但没那么精致，也无卓异风格，尤欠著名佳肴，不能自成体系。以往"老饭店""老正兴""德兴馆"等菜馆，保持了这些老上海菜的传统，特称之为"沪帮菜"（上海人自称"本帮菜"），以区别后来另成一格的"外帮菜"。

鸦片战争之后，上海对外开埠，发展至为迅速，中外客商云集，成为国际都会。各地饮食业者，为了抢食大饼，兼且服务同乡，无不铆足全劲，纷纷到此创业。根据行家考证，抢得先机的是徽帮，其次是宁波帮和苏锡帮。紧接着，广帮在咸丰年间接踵而至，川帮在同治年间相继出现，扬镇帮则在光绪年间立足上海。到了清末民初，上海饮食业已拥有沪、苏、锡、宁、徽、粤、京、川、闽、湘、鲁、豫、扬、潮、清真及素菜等十六个帮菜，此尚不包括西菜、日本菜等外国菜。各地风味宛如什锦拼盘，让人目不暇接。

如就人口结构来看，土生土长的上海人，原本并不多。由于外地人的大量涌入，上海成为一个"移民"城市，饮食业的结构，自然产生丕变，外帮菜已渐凌驾沪帮菜之上，各地风味菜兼容并蓄，并维持着多样化的风貌。

经过长时间的融会交流，在截长补短、优胜劣汰、整合改造后，终于造就了璀璨的上海菜。它虽是全中国各地方菜系中最年轻的一个菜系，但因善于推陈出新，富有时代气息，在抗战前攀

　　　　　　　　　　　　　　心知肚明

上最高峰。本帮派如"虾子大乌参""三黄油鸡""糟钵头""砂锅腌鲜"等，外帮派如"烟熏鲳鱼""龙圆豆腐""贵妃鸡""炒素蟹粉""双色虾仁""清炒鳝糊""金华玉树鸡"等纷纷冒出，美不胜收。诚如食家唐鲁孙所说的，"豪门巨室，有的是钞票，但求一恣口腹之嗜，花多少钱都是不在乎的……真是有美皆备，只要您肯花钱，可以说想吃什么就吃什么"。

他所指出的珍味，粤菜有"大三元""新雅""红棉酒楼""怡红酒楼""秀色酒家"及位于虹口的"陶陶酒家"等。其中，"新雅"以环境卫生称雄上海，用油比较清淡，适合欧美国际友人的口味，菜以小型"冬瓜盅"、"煎糟白咸鱼"、"辣椒酱"著称。"红棉酒楼"善敲竹杠，但因头厨出自广州"陶陶居"，"讲烹饪技术，在上海要属第一"。虹口的"陶陶酒家"，则以吃蛇肉扬名，"货真价实，不耍滑头"。本帮菜则有"老正兴""老合记""大发"等，其他尚有"天香楼""山景园""老半斋""瘦西湖""绿杨邨"等的江浙菜，"蜀腴""古益轩"的川菜，"金碧园"的云南菜，"小圃"的湖北菜，"二仙居"的京菜及"大华饭店""碧罗饭店""大来""来喜""吉美饭店""红房子""晋隆饭店"的西菜等。欲知其中珍馐美味，请读者参考唐老所撰的《吃在上海》。该文写得佳肴纷呈、众妙毕备，是研究此一时期上海菜的第一手资料。

严格来讲，这一时期上海菜最为人所称道的，是菜肴一般以清淡为主，讲究层次。虽有辣、有酸、有浓，亦有多种复合味，但口感平和、质感鲜明，该嫩则嫩，该酥则酥，其酥、烂、嫩、脆，绝不混淆，因而适应面特别宽，让人爱煞。

"文化大革命"之后，上海菜起先那种万花筒式的多样化局面，又起了质的变化。此时其已逐渐成熟，既形成了自己的风格，又赋予了新的内涵。此种菜被统称为"海上菜"。其表现在技法上主要有四个方面，分别是刀工、烹调方法、烹制技巧及冷盘。

首先，在刀工方面，不但要改革生产工具，而且要提高各项操作技艺。如批切刀，原来各派使用不一，现在逐渐被长方薄批刀替代。它本就轻巧，又便于操作，致原先的上批、下批等法，现全部成下批法，既安全又可使厚薄一致。又如肉类食材的切丝，已基本统一为直切翻刀法，强调丝形整齐划一。

其次，在烹调方法上，需长时间加热的焖、煨、烧菜肴比重逐渐降低，而滑炒、生煸、汆等快速成熟的菜肴则被广为推广，但传统的红烧、清蒸，依旧有其可观之处。

再次，在烹调技巧上，不少肉类食材，由起初的煸炒改为滑炒，极重视上浆、油温及火候的掌握。

最后，在冷盘上，重视刀工、刀面，以及多种原料、多种口味、多种质感的搭配组合。

于是乎，新款的海派菜隐然出现，又因其迎合了市民喜新厌旧的心理，因而清淡适口、风味多样、量少质精的菜肴，清新秀美、高雅精致的情调和气氛，笼罩着整个饮食界。各帮派为求生存，无不使出浑身解数，提出因应之道。海派沪帮菜，减少大鱼大肉、浓油赤酱的分量，变得清淡些、细致些，色调亦淡雅些。海派京菜，在降低油脂与咸味上颇下功夫，变得素净秀气。海派川菜，在麻辣味上打些折扣，而将原本川菜中另一不甚为人注意的鲜淡清新口味，相应突出，使滋味多样，不拘成例。海派粤菜，多选海鲜，在烹调上吸收西菜技法，但降低生脆度，使食品更加卫生健康。海派苏锡菜，则少一点甜味，多一些咸鲜味，使菜看得以质变，较为适口。总之，各帮派已由单一性格，趋向协调一致，渐渐丧失特色。

上海人在宴客时，不喜欢一帮一味的一统天下，喜欢来个集各地风味菜于一桌的混合型席，此亦是助推海派菜成形的因素之一。

另，近年来浦东积极开发，加快了改革开放的步伐。大批外国和台、港两地的商人、旅游者蜂拥而至，进一步促使上海饮食业与国际接轨。在引进外来新式口味的当儿，海派菜亦朝高档次、高质量方向发展，俾成为高级的生活享受。因此，其在卫生保健方面，就得紧盯世界潮流，做出调整，因应改进。于是各菜点都趋向低糖、低盐、低脂肪，并增加蔬菜和水果的摄取量。结果，当今的上海菜馆、酒家已少使用猪油；在搭配的蔬果上，则不断增添新的花色品种。所以，有人对海派菜的总评是：富时代感，更是一种面向二十一世纪的新型中国菜。

当然，以上所举的都是正面评价，而其负面的情形亦相继出现。说得好听些，是更新节奏快、变化多，且"各领风骚三五年"。还是大食家唐振常（此公精于饮馔，文章鞭辟入里，值得咀嚼回味）说得好，他指出："看近年上海饮食业潮流之兴衰，一股潮流兴，继之以衰；又一股潮流兴，亦继之以衰，兴衰隆替，循环往复，而上海饮食之振兴，终无济于事。"

他并举三例以明之，一为"先是港味粤菜袭击，众家菜馆争挂港派招牌，甚至以礼聘香港名师主厨为招徕。所谓港派，实际品味众多，并非仅以海鲜为胜，这么一来，忽然以为上海食客的口味全变得爱吃海鲜了。于是饭馆又改刷招牌，改换菜谱，变成大卖生猛海鲜了，且群起而生猛海鲜之"。二是"又刮起四川火锅风，一时大小饭馆，都卖四川火锅了——这种火锅品格不高，缺少文化，会在上海盛行，令人奇怪"。三乃"现在兴的什么风？看菜馆争卖龙虾、沙门鱼（鲑鱼），美食街亦以此为主，似乎又从前此的生猛海鲜，转为专以卖海鲜中高价的龙虾、沙门鱼两味为主了"。

在这种畸形的发展下，他发出浩叹说："近年所见，屡令人惊。本帮菜向有特色的德兴馆，一度有售北京烤鸭；同是以本帮菜为号召的绿波廊，竟然端上来蚝油牛肉；洪长兴的涮锅之食，竟是海鲜压倒羊肉；新雅之非粤菜甚多；湖南馆洞庭春配炒腊肉的，竟是浙江萧山萝卜干（大蒜并非稀见之物）；至于川菜馆之有名无实，就更多了"。这种情形正是"本系菜既无特点，他系菜一大堆，主菜地位不存，配搭之菜居上风，乃是奴欺主之象"。

为了避免此"不间断地兴风造风，随风而动"的乱象，重振往年百花齐放之声势，唐老拈出"招牌菜"之旨，表示仍要"做到派系分明。派系既定，自然要全力把所卖的菜都烧得精妙。确实都很好了，进一步是要在店中，建立你这个店的招牌菜"。比方说，"德兴馆"的油爆虾和虾子大乌参，"老饭店"的"八宝鸭""炒圈子"和"八宝辣酱"，"绿波廊"的小点心，"梅龙镇酒家"的"龙圆豆腐"，"老半斋"的"红烧鱼"，"杏花村"的"椒盐虾"和"八宝鸭"等，都堪称招牌菜的典型。

至于改良菜，则以"扬州饭店"的"蜜汁火腿"最值得称许。另，四川驻沪办事处的"霸王蟹"，亦属佳构。

目前，上海乍浦路上的一些饮食个体户，已推出价格比较低廉、风味别具的家常菜，颇受当地人士的欢迎。看来哗众取宠的流行风，并不足恃，只有专注于菜肴本身的味道，才是长久可行之道。反观台北，其轨迹与上海颇有雷同之处，或许这是都会城市以赚钱为取向的必然结果，甚值从事饮食工作者深思。

经过海派菜这一搅弄，利弊有目共睹，成败或可衡量，但危机绝对是个转机，船到桥头自然得直。而今上海文化日盛，经济丕展，已跻身世界超级大都会之列。在此一趋势下，饮食业的再兴，应可期待。其在合而为一后，还得分道扬镳，才能有容乃大，达到多多益善。不过，在创新之前，须努力保本。如此，才能重登顶峰，缔造黄金盛世。

后记：近三年来，去了五次上海，尝了一些美味，有的着实精彩，但价格不菲，无法经常受用；有的平凡得紧，价格亦不便宜，令人望而却步。或许庶民之食，已渐失其商机。原因很简单，就是成本太高。然而，危机即是转机，如何始能中兴，专待有志之士。

虾子大乌参绝美

海参是中国有名的干货，与燕窝、鱼翅、鲍鱼、鱼肚等齐名，同列"海味八珍"之一。它虽为满汉全席中不可或缺的台柱，却不见得人人都能接受。形状丑陋不堪固然是原因之一，而平淡无味、口感偏硬等，亦是其接受度不高的主因。

上海人原本对海参兴趣不大，因而其在上海始终乏人问津。约于二十世纪二十年代，由于商人的灵感，海参才出现了转机。当时位于十六铺洋行街的一些南北货店，因海参实在难销，店家伤透了脑筋。于是"义昌"与"六丰"这两家海味行的老板，便与烧本帮菜的"德兴馆"商量，愿意免费为其供应海参，让其试制新菜，借以打开销路。该馆的大厨蔡福生和杨和生几经试验后，推出以竹笋和鲜汤制成的红烧海参应市，居然颇受好评，食客接踵而至。杨和生在此激励下，更加精益求精，为使海参提鲜味醇，就取用鲜味特浓的虾子（本名虾籽，俗称虾蛋，以河虾或海虾的卵干制而成，其味特鲜，《食物宜忌》谓其"鲜者味甘，腌者味咸甘，皆性温助阳，通血脉"，其味尤胜于味精）和红烧肉汁提鲜，味道更棒，口感更佳。于是其便风靡十里洋场，成为沪菜的经典之作。

自杨和生去世后，其传人中以李伯荣制作此菜最为拿手。他曾在一九八三年中国名厨表演鉴定会上当众露了一手，赢得个满堂彩。此菜至今依旧盛名不衰，播誉海内外已近百年。

此菜须用原只或两只大乌参并卧盘中为妙。而在烹制时，务将涨发洗净的大乌参在油锅里炸，于沥尽油后，加入绍兴酒、酱油、白糖、高汤等，并把虾子均匀地撒在大乌参表面，用旺火烧开，随即盛入碗内，上笼蒸半小时，待其酥软，取出置入砂锅之内，倾入红烧肉汁，俟其浓稠收干，再淋葱油拌匀，撒上葱段即成。通常置于白瓷盘内，黑白相映，青缀其中，其色甚美，其香喷逸，食趣盎然。

烧得好的"虾子大乌参"，色泽乌光油亮，肉质软糯酥烂，滋味香鲜浓郁，夹起仍在抖动，入口软滑带糯，稍一咀嚼立化，确是无上珍品，让人拍案叫绝。它比起鲁菜馆的"葱烧海参"来，在卖相上更佳，滋味尤胜一筹，因而独步食坛，允为参菜首选。

目前世界各海域均产海参，其品种约有九百多种，可供食用的则有四十几种。中国所产者，以刺参、梅花参、方刺参、白石参、克参、黄玉参、赤白瓜参、靴参、猪婆参、乌乳参、白瓜参、乌虫参这十二种质量较佳。其中，供制"虾子大乌参"这道菜者，以参体鼓壮、肉质肥厚、质脆的乌乳参最适合，其次则是体型最大、肉质厚实、刺亦坚挺的梅花参，以及我们所习见的纯干、肉肥、味淡、刺多而挺的刺参。若用猪婆参烧制，烂则烂矣，但毫无酥脆感，实不相宜。"冯记上海小馆"之"虾子大乌参"，专取日本刺参，虽不挺也非壮硕，但口感极佳，具独特风味，其妙已超过"德兴馆"，并被评为二〇一四年两岸十大美食之一，值得一品其美。

三黄油鸡用白斩

　　提起"三黄油鸡"，知道的人可能不多，但讲到它的另一别名"白斩鸡"的话，在台湾几乎无人不知、无人不晓。不论在通都大邑的餐厅，或者是穷乡僻壤的小馆，均可见其踪迹。很多人不明就里，还以为它是"台菜"哩！

　　凡是简单的料理，食材的好坏，绝对是决定其好吃与否的关键。"三黄油鸡"之所以能扬名立万，风靡海内外，靠的就是天下顶级的浦东鸡。

　　此鸡原产于川沙、南汇、奉贤等沿海一带。据清代《川沙抚民厅志》载："鸡，邑产为大，有九斤黄、黑十二之称。"鸡体形硕大，肉质肥嫩，耐粗饲。公鸡可长至八九斤，甚至十斤重，母鸡则在六斤左右。纯种的浦东鸡，黄嘴、黄爪，一般毛色亦黄，故又名"三黄鸡""九斤黄"。由于质量绝佳，以致顾鱼的《黄浦竹枝词》云："物品争推浦东鸡，五更喔喔大声啼。雄鸡断不甘雌伏，妙喻还将讽老妻。"将其乃馈赠礼品，以及滋味美妙的特色，写得淋漓尽致。

浦东鸡不论用于白斩、红烧、炒丁、清蒸、炒酱等，均属上乘，因而产生两款味美绝伦的佳肴，一是"上海老饭店"用其公鸡制作的"鸡骨酱"，另一则是"正兴馆"专以母鸡制作的"三黄油鸡"。

"三黄油鸡"始于上海，时间是在清末，由浦东地区的土菜"籴鸡"改良而成，为下酒佳肴。"籴鸡"因不具卖相，难登大雅之堂。"正兴馆"遂以上选的浦东鸡为食材，籴熟切块，再拼成整只上桌；另以五种不同颜色的调味盘，环列成梅花状，形式极为美观，入口皮脆肉嫩，滋味颇为鲜美。"三黄油鸡"推出之后，大受欢迎。许多餐馆见状，无不立刻跟进，造成一股旋风。后来一些熟食店亦纷纷出售，使其更加广为流传。

熟食店中，又以南京东路"马永斋熟食店"所制作的最为有名。这家店的创始人马永梅原是卤菜高手，善烧酱鸭、烧鸡及卤蛋等，原在常熟、苏州等地开设熟食店。一九三七年时，其继承人在上海开设分店。他们为求一炮而红，特礼聘名厨精心制作，果然打响名号，红透十里洋场。

而今，上海当地则以浙江绍兴人所开的"小绍兴鸡粥店"最擅长烹制"三黄油鸡"。它选料堪称严格，所选的浦东鸡，必四斤以上，公母则不拘，讲究现宰活杀。

其制法为：鸡经宰杀，取出内脏，在洗净后，入滚水中略烫，使鸡皮紧缩，再入锅加葱、姜、蒜煮至断生，然后浸以冷水，随即捞出，涂上一层麻油。

食用时，须改刀切块装盘，随盘上秋油或虾子酱油蘸食。至于佐食之鸡粥，系用鸡汁原汤烧煮的粳米白粥，加酱油、葱姜末和鸡油而成，一向是早晚餐与消夜小吃之佳品。

台湾目前的上海菜馆，甚少烧制此菜，反而是台菜馆或野鸡城到处有售，佳者亦多，不亦怪哉！仍保留"三黄油鸡"之名者，仅"四五六上海菜馆"，自该馆歇业后，已成广陵绝响。

三黄油鸡用白斩

八宝鸭腹有乾坤

城隍庙原是上海菜的汇集地，以"荣顺馆"历史最久，其菜肴以口味地道、经济实惠著称。日子久了，人们就喊它"老饭店"，并于创业一世纪后正式改名为"上海老饭店"。"八宝鸭"与"八宝辣酱"，堪称其代表作。

至于"八宝鸭"的由来，相传民国初年，有位老主顾和堂倌闲聊说："你们怎不弄只八宝鸡卖卖，以广招徕啊？"堂倌说："这种好菜我们也想做，就怕没有买主。"老主顾当场便拍胸脯道："只要你的八宝鸡烧得好，我来吃！"堂倌反映给老板后，老板就派人到"大鸿运酒楼"（苏菜馆）买回一只"八宝鸡"，并与主厨研究其烧法，终决定改炸为蒸，创出自己的品牌。老主顾尝罢，赞不绝口，消息不胫而走，由是大大知名。

老板在尝到甜头后，也想换换花样，吸引更多顾客，乃易鸡为鸭，推出了"八宝鸭"。其鸭必选肥硕新鸭，于鸭腹塞入湘莲、火腿、开洋、冬菇、糯米等配料，经蒸焖后，主配料渗透融合，鸭肉酥烂、配料糯软，上菜时香气扑鼻，吃起来皮润肉细。"八宝鸭"遂成镇店之佳肴。

其实"蒸八宝鸭"，早在袁枚的《随园食单》里便有记载，还注明是"真定（地名）魏太守（官名）家法"。其制法为："生肥鸭去骨，内用糯米一酒杯，火腿丁、大头菜丁、香蕈、笋丁、秋油（好的酱油）、酒、小磨麻油、葱花俱灌鸭肚内；外用鸡汤放盘中，隔水蒸透。"

在中国古代的烹调技术中早就有填充之法，即在动物体内填入荤素辅料，使其滋味互有补益。整料去骨的烹制方法，在明末清初时已流行于江南。只是《随园食单》里所采用的隔水蒸，"老饭店"一律是上笼蒸而已。且经数十年的演变后，其八宝之配料，每因季节之不同而稍有变更，如栗子当令时不用莲子，春笋上市时用笋尖不用冬笋等。目前其他不变的六料，分别是火腿、鸡肫、干贝、虾仁、香菇和青豆仁。

上海而今通行的"八宝鸭"制法，乃取肥嫩光鸭一只，洗净后剖脊拆出骨架，斩去翅尖与爪，置沸水中，烫去血污捞出，以酱油涂擦表皮。把火腿、鸡肫、冬笋、干贝均切成丁，与水发干贝、虾仁、莲子、青豆仁合在一起，加适量料酒、酱油、白糖、鲜汤拌匀后填入鸭腹内，将鸭背朝上放入大碗中，上笼用旺火蒸三小时，待鸭肉酥烂取出，腹部朝上放瓷锅里，然后用原汁勾薄芡，烧淋鸭身即成。其以色白肥润、酥烂不腻、汤汁醇厚、郁香味美而见重食坛。

台湾目前所吃到的"八宝鸭"则是作为其旁支的"香酥八宝

鸭"。"香酥八宝鸭"易蒸为炸，虽油但香，口味稍重，可谓自臻其妙。台北"郁坊小馆"早年最擅烧制，而且需事先预订，而今不再供应，令人好生遗憾。不过，在二〇一一年仲秋，我与上海美食名家沈宏非等在"汪英的私房菜"品尝菜肴近三十种，印象最深刻也最好的，莫过于其"八宝鸭"与"八宝饭"，至今难忘。

烟熏鲳鱼镬气香

　　鲳鱼有个妙极的别名，叫"狗瞌睡鱼"，此见于唐人刘恂的《岭表录异》。他指出这种鱼形似鳊鱼，脑上突起，连背而圆，肉肥如凝脂，只有一根脊骨。在烹制时，加入葱、姜，煮以粳米，其骨自软。由于吃的时候，没有可抛弃的骨与刺，以致狗趴在地上，等着人们吐出的鱼骨，会困乏到打瞌睡，故名之。

　　肉厚白、味鲜美的鲳鱼，依照本地的分法，有白鲳、中国鲳及瓜子鲳（又称肉鲫仔）三种。要烧这道上海名菜，最好用又名正鲳的白鲳，其身呈菱形，其肉结实富弹性，有口感；其次则是身略圆，肉较软烂，又名乌鲳或假鲳的中国鲳。瓜子鲳体小，也不具卖相，多用油炸或干煎烹食。

　　熏乃是一种将食材置于密封之容器中，利用燃料的不完全燃烧所生成的烟接触食材，以使食材成熟的烹调方法。此法多用于肉类食材，亦可用于豆制品或蔬菜。食材可整熏，也可先切成条、块状再熏制。熏时，需将食材置于熏架上，其下置火灰，并撒上锯末、松枝、茶叶、糖、锅巴或甘蔗渣等熏料，通常只用其一；亦可在锅中撒入熏料，上置熏架，把锅放置火上，隔火引燃熏料，使其不完全燃烧而生烟，然后烘熏原料致熟。其成品色泽红黄，因具有各种不同的烟香，风味独特。

熏法于元代始见于食谱，清代时才被视为一种独立的烹饪方法。纯以鱼而论，有《养小录》的熏鲫，《食宪鸿秘》的熏马鲛，《随园食单》的熏鱼子等。

熏制菜肴，因原料之不同，有生熏、熟熏二法；又因熏制设备之不同，有缸熏（敞炉熏）、锅熏（封闭熏）与室熏（房熏）等三种；更因熏料不同，有茶叶熏、糖熏、米熏、锯末熏、松柏熏、甘蔗渣熏、樟叶熏和混合料熏等八种。但主要按生、熟熏法分类。后者多用于飞禽走兽类，前者常用于河鲜、海鲜。上海外帮名菜"烟熏鲳鱼"，便是以生熏之手法制成。

"烟熏鲳鱼"约于二十世纪三十年代末，由上海"新雅粤菜馆"率先推出。它起先以经营广式茶点闻名，迁黄浦区南京东路新址后，除以广州风味为基础并结合上海的消费特色外，还吸收了西菜的烹调方法，构成了自成一格的上海化的广东菜，重色、香、味及镬（锅）气，能突出广东菜鲜爽滑嫩、原味不变、香气四溢的特征。名菜有"戈渣鲜奶""葱油鸡""蚝油牛肉""吉利明虾""滑炒大虾仁""冬瓜盅""炒杂碎"和"烟熏鲳鱼"等。

制作此菜时，首先以葱花、姜片、白酒、白糖、酱油、饴糖、精盐等调汁浸渍鲳鱼两个小时，待鱼熏熟时，表面再刷上熟花生油，使其色彩艳丽。其旁再置两碟色拉酱（指美乃滋，一名色拉酱），以备蘸食之用。现在的餐厅为增加卖相和口味，另供应暗红色的番茄酱、深褐色的甜面酱及椒盐等，任来客自择适口之味。

"烟熏鲳鱼"妙在色彩冷艳瑰丽，通体整齐美观，逸出烟熏香味，鱼肉鲜嫩肥润和醇，深有回味，冷热食均宜。

清炒鳝糊蕴奇味

　　散文大家梁实秋在生前很怀念河南馆的生炒鳝鱼丝，称其烧法为"鳝鱼切丝，一两寸长，猪油旺火爆炒，加进少许芫荽，加盐，不需其他任何配料"。其"肉是白的，微有脆意，极可口，不失鳝鱼本味"，故一直为他所欣赏。

　　至于炒鳝糊，他并不怎么爱，认为"那鳝鱼虽名为炒，却不是炒，是煮熟之后炒，已经十分油腻。上桌之后，侍者还要手持一只又黑又脏的搪瓷碗（希望不是漱口杯），浇上一股子沸开的油，刷啦一声，油直冒泡；然后就有热心人士用筷子乱搅拌一阵，还有热心人士猛撒胡椒粉。那鳝鱼当中时常掺上大量笋丝、茭白丝之类，有喧宾夺主之势"。因此，他一遇到这种场面，就非常怀念生炒鳝鱼丝了。

　　事实上，他的描绘很传神，但说法有待商榷。此菜确因侍者站在餐桌旁，于鳝糊正中已凹陷放芫荽处浇上热油，致发出吱吱声响，而称之为"响油鳝糊"。亦因有视听效果，能吸引食客目光，可增添些许食趣，其毁誉损益可谓参半。不过，上海原先的清炒鳝糊，是由徽州菜因袭来的，讲究用"茶油爆、猪油炒、麻油浇"，因配料的火腿屑、芫荽、蒜泥分别呈红、绿、白色，加上主料鳝鱼本身的黄、黑色，遂五色咸备，卖相甚美。然而，在烧鳝鱼前，因要先过油，此菜虽醇厚浓香，却有点油腻。这也为其转向清爽滑利留下了改善空间。

到二十世纪二十年代初期，十里洋场的一些外帮菜馆每逢春季时，便在原先的清炒鳝糊中，去火腿屑，改添入新上市的竹笋切丝同炒，将其当作节令菜来卖，居然颇受欢迎。近百年来，此菜一向是上海地区春季时令菜。其后，有些业者为了添点花样，将竹笋丝换成韭黄段，其颜色更艳且富嚼劲，亦吸引不少客人，渐有后来居上之势。台湾用笋丝已甚少见，一般上海或江浙馆子，率皆以韭黄段为正宗，间亦有用茭白丝者，堪称别开生面，产生另类食趣。

然而，要想卖个好价钱，非得纯鳝丝不可。因此，有人便在炒鳝鱼这上面致力研究。结果，改良的先驱竟是陕西省特一级厨师张鸿儒。此君除精通陕西菜外，对淮扬风味的菜肴也不含糊，新款的清炒鳝糊即为其一。

他在制作时，绝不先过油，而是先用沸水略余，再动手进行炒制。其用意，一则可去除鳝鱼的血腥味，二则不致因过油而出现油腻感。这么一来，鳝丝更具软嫩利口、风味别致的特点，但醇厚而香的口味亦为之稍减。比较起来，二者算是各有千秋，打个平手。

而今的清炒鳝糊（不拘里面是否有加笋丝、韭黄或茭白笋丝），由于宜饭宜酒，故酒席上先奉的四热炒中常见到它。另在和菜中，它亦是打头阵的菜肴之一，亮相次数颇多，知名度甚高，经常被人点享。

下巴甩水豉汁鲜

　　自古即入馔的青鱼在中国各大水系内均有分布，主产于长江以南的平原地区水域。其中尤以长江水系的青鱼种类最全、产量最大。其在每年农历十二月左右所产者，最称肥美。

　　清代名医王士雄在《随息居饮食谱》中谓其"头尾烹鲜极美"，实为知味之言。事实上，青鱼肉白，质嫩味鲜，皮厚胶多，最宜于红烧、清蒸。其头、尾的烹调方式及名菜有四大类型。一是头尾合用，有安徽菜的"红烧头尾"，上海菜的"下巴甩水""汤糟头尾"。二是单用头，有上海和平饭店名菜"红烧葡萄"。三是单用下巴，上海及安徽菜均有"红烧下巴"，而上海和平饭店的"红烧嘴封"（下巴）尤其有名。四乃单用尾，有苏州菜"出骨糟卤划水"和上海菜"红烧划水"等。

　　约清朝末年，一些本帮和苏锡帮馆子，开始盛行食用青鱼。而同治元年（一八六二年），由小吃摊贩祝正本和蔡仁兴合伙经营的"正兴馆"（各取二人名中一字而成），因物美价廉、服务周到，大受欢迎。不少同业见状，竟群起仿冒。一时间，街上"正兴馆"如雨后春笋般冒出。为保护"专利"，祝、蔡二人只得在"正兴馆"三字前另加一"老"字，以示区隔。然而，戏法人人会变，那些仿冒业者，又纷纷打出"上海老正兴""大上海老正兴""真老正兴""无锡老正兴"等招牌，借以鱼目混珠。在这场字号大战下，祝、蔡二人只得在"老正兴"三字前，再加上"同治"二字，成为"同治老正兴"，以确保其真正老牌的正统地位。另据统计，在新中国成立前，光是上海一地，就有一百二十家餐馆称"老正兴"，其真乃"饭店之王"。

且谈谈闻名遐迩的青鱼下巴甩水这道菜吧！

坐落于原上海大陆商场的"同治老正兴菜馆"，善于烧制青鱼，能将青鱼的各个部位，烹成各式佳肴，各具滋味。清末时，该馆便在徽菜"红烧头尾"的基础上再进一步加工，制作成形状至为美观的"下巴甩水"一味。民国初年，此菜已闻名上海，到了二十世纪三十年代，更是驰名中外，成为当时上海最著名的特色菜之一，吸引着来自五湖四海的知味人士慕名而来。

此菜可简可繁。简单者，取两条鱼尾置盘正中，另取用两块下巴分别放在两侧，再加笋片烧成。考究的，则用一大白瓷盘，下巴罗列其外，内圈置其尾（此尾称甩水或划水），依序排列。其在烹制时，须注重调味，加汤适当，中途不能再加，以免影响卤汁的浓厚度；用火不宜过长，否则会使鱼肉糊烂。

下巴的烧制尤其重要。选好无土腥味的鱼头后，从侧面对半一切，再以刀背在鱼头上拍打。其力道极为重要，太轻不能入味，太重整个拍散，不能保持原状。而烧得够味的上品，色泽酱红，肉细而滑，骨散可食，鱼眼与胶质多的部位，一吸即可满口，以其鲜甘浇汁拌饭、面均宜，能吃到涓滴不存为止。"上海极品轩餐厅"之小马师傅善烹下巴，环列盘中，颇有看头，食之亦美，回味不尽。

秃肺鲜嫩又营养

秃肺和秃卷这两个玩意儿，如非是老上海，恐说不出个所以然来。"卷"指的是青鱼肠，这从形状上观之，大致还可以理解。但"肺"竟指的是肝，就让人莫名其妙啦！

清代名医王士雄在其食疗名著《随息居饮食谱》中指出：青鱼"肠脏亦肥鲜可口。而松江人呼为'乌青'，金华人呼为'乌鲻'，杭人以其善啖螺也，因呼为'螺蛳青'"。各种鱼肠人多弃而不用，独青鱼肠肥嫩有脂，冬令可做火锅食材，亦可与葱、姜爆香炒食，食来颇脆，其味甚美，人称"卷菜"（因鱼肠加热后会卷曲成环）。但这比起鱼肝来，仍稍逊一筹，秃肺之名，远比秃卷响亮。

青鱼是中国主要淡水养殖鱼之一，与鲢、鳙、草鱼合称为"四大家鱼"，台湾人大半知其俗名，乃"乌鲻"是也。它一直是活鱼三吃乃至十吃的要角。

关于此菜来历，讲来有一段渊源。话说清朝中叶，上海本帮菜馆所制作的青鱼菜肴，不外以肉段切块，经红烧后，装盆出售，间有加衬料烧汤者，如"肠汤线粉""炒鱼豆腐""炒鱼粉皮"之类，作为便菜供应。自徽帮菜馆等叩关后，业者为吸引更多的顾客上门，便挖空心思研究，不断增加各式新颖菜肴，于是乎红烧全鱼、红烧鱼肚等，整条或整段烧成的鱼肴相继出现。

二十世纪二十年代初期，上海"杨庆和银楼"店东的儿子杨宝宝，因爱煞"老正兴"，常在那里用餐，尝遍青鱼各肴，想换花样试新。一日，他对主厨说："饭店内的青鱼菜，鲜美绝伦，确实好吃。而青鱼鱼肝既是补品，不知能否弄个好菜来吃？"不久之后，饭店厨师便开始试制，终于研发出将青鱼肝反复洗净后，加上葱、姜、笋片、绍兴酒、糖、酱油等调味搭配而成的青鱼菜肴，并名之为"秃肺"（江苏人一向称鱼肝为鱼肺，故名秃肺）。

由于秃肺内含大量鱼肝油，微煎略焖之后，质地细致，滑嫩异常，带有特殊香气，不仅是冬令最佳补品，且因入口即化（台湾名菜"麻油炒乌鱼鳔"，乃其分身），极适合老人家食用。再加上青鱼肝有补神明目、强身健体之功效，到了三十年代，它就成了"老正兴"的镇店名菜之一，每届秋冬时节，就有大批食客慕名前往品享，美名至今不衰。据云此菜颇受日本人士欢迎，在中日联合编撰的《中国名菜谱》中，编者对其着墨再三，进行了详细介绍。

我早年每回去香港，必去位于湾仔谢斐道"世纪酒店"地库一字（即地下一楼）的"老正兴菜馆"品尝。其色呈淡褐，油肥不腻，嫩如猪脑，整块不碎，肥鲜异常，搭配着青蒜丝吃，简直是人间美味，好到无以复加。比之于当年台北"石家饭店"所制者，其味相仿佛，但肥硕过之。

枫泾丁蹄满室香

"丁蹄"说穿了，就是冰糖红烧蹄髈（肘子）。话说清咸丰年间，枫泾镇有对丁姓夫妇（一说是兄弟，但夫妇较可信）在张家桥边，开了一家"丁义兴酒店"，除卖些水酒外，并经营野味熟食。由于生意清淡，一直没有进展，有时还门可罗雀。在资金有限之下，丈夫始终愁眉不展。一日，又门前冷落客人稀，老板忍不住唉声叹气，其妻乃烹制拿手的红烧猪脚，聊为夫君解忧。这道香味扑鼻的猪脚端出来时，丈夫灵光一闪，想出救店良策。他在大啖之后，即在店门口张贴大红告示，写着"本店重金礼聘名厨，精制冰糖猪脚，数量有限，请早光临"字样。第二天，消息不胫而走，很快传遍镇内。镇民吃到这红通油亮、肉细皮滑、完整无缺、久食不厌的冰糖红烧蹄髈，无不称妙，于是其声传各地，店内每天座无虚席。

丁氏夫妇并不以此自满，几经改良之后，选料更为严谨。除用太湖良种猪的特选蹄髈外，更以嘉兴"姚福顺"特制的酱油、苏州"桂圆斋"的冰糖、绍兴花雕酒，以及适量的丁香、桂皮、生姜等原料制作，采用柴火烧煮，火功严守"三文三旺"和"以文为主"的要求。煮成之后，外形完整无缺，色泽棕红晶亮，肉质嫩滑细腻，汤汁浓而带甘；热食酥而不烂，冷吃余味不尽，风味自成一格。因此，程兼善的《枫泾杂咏》即云："花锦花绽夜初长，村舍篝灯纺织忙。争似红楼富家户，猪蹄烂熟劝郎尝。"颇能道出其早年况味。

不过，一佚名人士在《竹枝词》所咏的，比较能道出其来由、制法及近况，词纵不佳，仍值一读。词云："丁蹄产自镇枫泾，料好煮就文火生。运去欧美多获奖，百余年来业兴旺。"原来这"丁蹄"，不仅是酒席便宴上的佐餐佳肴，同时也是旅客探亲会友的上好手信，因而名动四方。它后来亦能制成罐头，一再远销南洋诸国。更令人惊讶的是，此一起初名不见经传的家庭菜肴，竟先后获得二十余国的奖，且在一九五四年，更一举夺得德国莱比锡博览会的金质奖章，从此蜚声国际。

有关枫泾镇的由来挺有意思，在此带上一笔。它原名白牛村，相传宋代有位陈姓进士，曾任山阴（今绍兴）县令，为民上疏不遂，竟被免去官职，只好隐居于此，自号"白牛居士"。当他过世后，当地人敬仰其清风亮节，将白牛村易名"清风泾"，继而又改名"枫泾"，并遍种荷花以示哀思。因放眼望去皆荷塘，其又有"芙蓉镇"之称。而今人们只知有丁蹄可吃，倒忘记镇名的来由了。

丁蹄曾被列入清宫御膳，末代皇帝溥仪御厨唐克明回忆中的"清末时期满汉全席"，其随上八景中的最后一道大菜，即为此一珍馐。别小看它只是个冰糖红烧蹄髈，想要烧得好，还非易事呢！

竹笋腌鲜火候足

这道汤菜很有趣，它虽在台湾各江浙、上海菜馆均有供应，但用的都是别名"腌笃鲜"。不过，这个由腌猪肉、鲜猪肉与冬笋合烧而成的汤菜，用腌鲜叫之，更显其别致与特色。毕竟，竹笋腌鲜只点明食材，却未言及烧法。

笃是一种以小火烧煮，使食材入味的烹调方法。其因在烹制时，锅中咕嘟有声而得名，又有"独""渡""督"等异称，颇类似于烧法。它适用于质地较软嫩的食材及海参、鱼翅等海味。在烹制前，食材要经刀工处理成条、块或片状，有的甚至要经过油等初步熟处理，才能充分入味。一般是先将热锅加油，炝完锅后，添高汤及主料，旺火烧沸，再转小火烧至透而入味，然后以旺火收浓汤汁，有的尚需勾芡后而成菜。笃法所用的时间比熬、炖法为短，汁则比烩菜少、烧菜多，因而成菜会凸显色泽光亮、口味醇厚、质地滑润、菜形整齐等特色。

焖法南北皆有，以京、津一带著称。天津的清真名菜"焖羊三样"和"独鸳鸯鱼腐"，堪称其代表作。江苏（主要指江南）、上海地区则广泛流传于民间，食材于加汤汁用旺火烧沸后，以中火加盖焖制。一般不勾芡，故汤汁较宽。其中，又以"竹笋腌鲜"最能得其精髓。

　　"竹笋腌鲜"原本是清明节前后、春笋破土露尖时菜馆的时令菜。此笋在清明时节又肥又嫩，大都来自杭州。竹笋乃山产，浙江境内多山，盛产各式春笋，因而其集散地便在杭州。整个春天，这雨后春笋，便似潮水般涌向上海。

　　此外，江南人（包括上海人）喜食咸肉。此肉又名家乡肉，瘦红肥白，颜色亮丽，极饶滋味。在过年以前，一些大户人家是购买整条猪腌制，普通人家则是买其半或四分之一，将其腌好后，切块挂在厨房，充作年菜用，一直吃到清明之后。因此，以腌肉、鲜肉与竹笋共焖而成的"腌焖鲜"，便是上海人"吃清明"时的主味之一。"吃清明"这习俗，当是古时候互请吃春酒的延伸，可使亲友多一次相聚的机会。

　　"竹笋腌鲜"的做法大同小异，主要在火候上的控制不同。先把咸肉（腿肉较佳）切成寸许块状，滚水余烫后，洗净备用。鲜猪肉多半选用前腿夹心肉（肋条肉亦可），也切成寸许块状，放入锅内，添冷水和葱、姜、料酒，加盖置旺火上煮沸后，捞出肉块，以冷水洗去血沫，同时撇去汤面血污，接着再把鲜肉块置入汤内，旺火烧至汤沸腾时，改用微火焖一小时，待肉已酥烂而形仍方正时，将腌肉和切成滚刀块的春笋投入锅中，加盖以小火焖烧十分钟左右，见汤呈乳白，再加盐用中火煮片刻，即成此一绝美佳肴。

食罢"竹笋腌鲜"，宾客、家庭主妇、新嫁少妇少不得以此为话题，有考较厨艺的味道，算是春宴一景。

　　馆子后来为了一整年均能供应此菜，有用鞭尖笋者。另为求颜色多样、口感丰富，再添百叶结和青江菜。不过，单纯的"腌笃鲜"，较能体会肉烂笋脆、清香腴醇、鲜味醰正的绝佳风味。位于新北市永和的"三分俗气"善烹此味，值得一试。

辑三

奇菜大观

金厨美馔成绝响

奇庖张北和（台中"将军牛肉大王"创始者）所烧制的佳肴，口味全面，遍及禽兽蔬果，其中不乏巧构妙思，让人看得目瞪口呆，不禁打心底佩服。足见为厨虽非科班出身，一样可以出神入化，达到巅峰，甚至超越流派，自成一家。兹选出我所尝过的十几样美味，将之分门别类，俾使阁下得睹大师精湛的手艺，与其过人的创意。

一、霸王别姬，徐州名菜

相传西楚霸王被困垓下，四面楚歌之际，其美人虞姬为项羽解愁消忧，除高歌一曲助兴外，另用甲鱼和雏鸡为原料，烹制了这道好菜。项羽食后，精神振作，乃率骑突围而去。不过，以上当为好事者杜撰出来的名堂。此菜名应是从谐音设想而来，鳖、别音似，鸡、姬音同。而今，这道徐州传统名菜，已经盛名远播，很多地方也已将此菜列入其菜系之中。

现在的"霸王别姬",仍是把甲鱼和鸡放入搪瓷罐中,加高汤与火腿、冬菇、冬笋同煨,鸡鳖分离,不显特色,还不如鲁菜中的"黄焖甲鱼"。此菜始自清代,乃潍县一个陈姓士绅,为了滋补身体,便取鸡、鳖以文火煨煮,红卤成菜。一次,他邀知县郑板桥至家中用饭,席上的山珍海味无数,郑板桥却独钟此味,盛夸不已。后来,此菜的烧法传给了一家饭馆,饭馆又配上海参、鱼肚、口蘑等物,先煨后焖,使其味道更佳,遂成了潍坊地区的名菜,嗜食者颇众。唯徐州的做法,是先将鸡洗净去内脏后,将鸡翅交叉塞入胸内;而山东的做法,则是将鸡宰杀洗净后,放入锅内以大火烧沸,小火煨熟,拆肉剔骨,切成条状再焖烧。而两者的工艺,皆远不如张北和的细腻。

张北和制作此菜,系将整只鸡摘头去骨,鸡内塞满鲍鱼、火腿和鳖肉以撑起原形。鳖则去四肢,将鳖头由鸡颈中穿出,以瓠瓜茎扎牢,鳖盖则覆鸡上,同放入陶瓮中煨透,样式古朴,大有"缠绵"之意。享用时,先由鳖裙吃起,脆而酥香。食罢,掀盖吃中藏厚料的无骨鸡,然后再饮清鲜香醇、营养丰富的汤汁。这道菜不仅是美味佳肴,更是滋补上品。

甲鱼俗称"王八",其肉质特别鲜美,兼有鸡、鹿、牛、羊、猪、蛙、鱼等七种味道,并具"滋肝肾之阴,清虚劳之热"的食疗功用。自马家军在国际体坛大放异彩之后,食鳖已成为风气,食材往往供不应求。像此道菜所用的野生鳖,那更是可遇而不可求了。

张戏称这个菜又可叫"王八戏凤",语虽粗鄙无文,却挺符合实情。

二、将军戏凤，千里婵娟

看到"戏凤"二字，不禁令我想起明代的宫廷名菜——"游龙戏凤"。相传明正德年间，武宗朱厚照性喜冶游，不理国事。有一天，他微服私访梅龙镇，并到镇上李龙与其妹凤姐开设的酒店喝酒，武宗见李凤姐长得标致，怦然心动，于是命其备制佳肴下酒。凤姐亲炙了一道由鸡鱼合烹的美菜，武宗尝后大为欣赏，赐名"游龙戏凤"。凤姐后随皇帝进宫，这菜就成了宫廷名菜。而今，辽宁和北京皆以此菜广为招徕，但制法不同。北京以鱿鱼卷代龙，辽宁则代以大刺参。前者为盘菜，后者则是砂锅。虽然二者滋味俱佳，但以细致和功夫来论，都比将军所戏之凤略逊一筹。

菜名中的凤，指的是鸡。张北和选的是活嫩母鸡，宰杀去内脏洗净后，除鸡的头颈外，骨头完全扒光，内实九孔、带皮羊肉，鸡仍一如原状，置砂锅中蒸六个小时，至整个酥烂为止。成品皮肉俱全，完整无缺。其手法酷似盛行于二十世纪二三十年代的南京名菜"珍珠鸭"。珍珠鸭制作费工，先将鸭从背脊剖开，剔除全部骨头，鸭腹塞满大虾仁、芡实及猪肉，保持鸭形完整，然后上屉蒸透。与"将军戏凤"相较，二者做法雷同而材料互异，但皆原汁原味，鲜嫩味美。而且比起"游龙戏凤"这道菜中鸡的处理方式，京菜为出骨切块，辽菜则整只入锅，其中的困难度就高出不知凡几了。

这道"将军戏凤"盛出上桌后，食前请先欣赏其独特手艺，吃时宜舀汤试鲜，然后吃肉。唯有如此，方能尽尝其妙。大美食家唐鲁孙尝罢，赠名"千里婵娟"，名甚古雅，但似乎不如张氏的

"戏凤"来得生动有趣。

三、盐水羊头，熏烤羊蹄

俗话说："挂羊头，卖狗肉。"指的是以假乱真，欺骗客户。其实，羊肉绝美，羊头尤佳，懂得吃的，绝不放过。唐鲁孙曾说："羊头肉这种小吃，也可说是北平的一样特产。卖羊头肉是论季节的，不交立冬，您就是想吃羊头肉，全北平也没卖的——虽然卖羊头肉，主要是羊前脸，碰巧了有羊口条，有羊耳朵，甚至于羊眼睛。切下来的肉片，真是其薄如纸，蘸着椒盐吃，真是另有股子冷冽醒脑香味。如果再喝上几两烧刀子，从头到脚都是暖和的，就如同穿了件皮袄一样。"读罢这段生动的叙述，我对羊头始终不能忘怀。不意竟在将军处，尝到了这个美味，而且尤有过之。

张北和先将盐水羊头的肉仔细起下、窗切，块块皮肉相连，色相极美。羊眼睛是吃其中间的汤心儿，羊耳朵是吃脆骨，羊舌头则是尝其细腻腴嫩的口感。总体来说，以"馨香脆美"四字来形容绝不为过。

家母每于冬季常去南门市场买现宰的羊头和羊蹄回家，白煮成一大锅，皮细肉腴，甚是好吃。吃完肉后，下冬粉于汤中，可连尽数碗，甚为快意。将军这儿的羊蹄，乃截取下肢，蹄、胫分烹。蹄的部分红卤，胫的部位熏炙，均极香醇，各具其妙。蹄专食皮，胫则啃肉，连皮带肉，一次尝够，不亦乐乎？

此外，为了搭食羊头与羊蹄，张北和仿古制成羊脑饼。此饼系将羊脑与面粉同和而烙，微焦即起，至为酥香，委实让人好生难忘。

四、无膻羊肉，苦心研创

在宋朝的祖宗家法里，"饮食不贵异味，御厨止用羊肉"。在尚书省所辖的膳部，其下设有"牛羊司"，专管饲养羔羊，以备御膳之用。神宗时，宰相王安石撰《字说》，解"美"字是"从羊而大"，并说"羊大为美"，可见宋人嗜羊，蔚成风气。

很多人不食羊肉，只为怕膻；有的人嗜食羊肉，却是爱膻。无怪"羊羹虽美，难调众口"。不过，不爱膻味的人占绝对多数。因此，如何去膻便成为对大厨技艺的考验。去膻的方法，首见宋人林洪的《山家清供》一书，其词曰："羊作脔，置砂锅内，除葱、椒外，有一秘法：只用槌真杏仁数枚，活水煮之，至骨糜烂。"也就是说想去羊膻，应把羊肉切成一块块，放在砂锅里烧，除了放葱和花椒外，还要放几枚槌碎的杏仁，才有效果。此外，羊肉如和萝卜同煮一沸，倒掉汤水和萝卜，再行烹调，膻味即可大减。这两种方法，虽皆可去膻，但不能完全无膻。张北和自谓味觉发达，最惧膻味，而且一嗅即知。为了尽去膻味，他曾立下宏愿，要努力研究，终于在第十二年大功告成。其后，有多家食品公司有意出高价合作开发，但他尚秘而自珍，不愿将绝活透露。

从外观来看，其"无膻羊肉"是置于砂锅中。《随园食单》上说"煎炒宜铁铜，煨煮宜砂罐"，砂罐即砂锅，是我国最古老的陶器炊具，它的保温性良好，所烹的菜肴，具有软、烂、酥之特点，是煨羊肉的理想器皿。尝将军的羊肉，果无星点膻味，但其汤汁却微有苦味（味蕾不发达者，无法辨出）。或恐其遵循古方，内有杏仁（分甜、苦二种），其余尚有何物，就不得而知了。李时珍

《本草纲目》中写道：煮羊肉，放点杏仁或瓦片，则容易酥烂；加点胡桃，则不燥。而《随园食单》亦说：红煨羊肉"与红煨猪肉同。加刺眼核桃，放入去膻。亦古法也"。这两书所载，是否为其所本？此事涉业务机密，不便启齿请益。或许日后张氏公之于世，即可解我心中之惑了。

店内随时都有"无膻羊肉"供应，并可加面或米粉吃。我想阁下嘴巴再刁，亦难嗅出些许膻味。据中医的说法，羊肉味甘性温，能补中益气，安心止惊，开胃健身。时届冬令，正是大嚼美味的时候啦！

五、将军鲻鱼，头头是道

豆仔鱼肉少刺多，本是无人问津的下杂鱼。华西街"台南担仔面"的清蒸豆仔鱼推出后，居然大获好评，爱吃的不乏其人。然而，仿效的后起之秀（指海产店）都是率由旧章，了无新意，全选二到三两重的所谓"上品"，丝丝送入口，蘸着佐料吃，虽有些滋味，但油寡膏稀，食来不无遗憾。

鲻鱼的旺季在每年的深秋（十至十一月），近海养殖的尤佳。一尾近尺的大鱼，由于极难入味，蒸烹匪易，很多海鲜店只好藏拙，不敢贸然推出。张北和则不然，尽选些大尾的，以自行调理的豆酱（一般是用酱油、豆豉）蒸之。成品肉大块而肥嫩，膏饱满而腴润，刺不小而易去，如此享受，才真过瘾。此菜以"将军"自名，品位之高，出凡品多矣。

"头头是道"乍听之下，不晓得是啥玩意，但这可是最具台湾风味的菜色，曾在上海市第一届美食节中荣获大奖。此菜纯以虱目鱼为之，将鲜鱼清蒸之后，截去头尾备用。鱼头对半剖开，与鱼尾排列齐整，中置炸透的虱目鱼丸，样式美观，饶富兴味。吃的时候，用打"BER"（亲嘴）的方式，将尊口对鱼嘴一吸，精华悉入口中，但觉清香溢齿际，膏脂入喉吻，简直棒极了。另一种做法，则是将炸过的鱼肫放在盘中央，其虱目鱼丸则另行煮汤，汤以鸡肉、田鸡、玉米、竹笋熬成，上撒芹菜末。汤汁浓醇中不掩清冽，鱼肫细尝而滋味愈出，确实是一道别出心裁的席上珍馐。

六、鱼加羊和梅姜鱼片

鱼加羊即是"鲜"字，这使得我想起安徽菜中的"鱼咬羊"。传说从前有只羊掉入河中，大鱼将羊肉食尽。而后其为人所获，剖开而见羊肉。渔民受到启发，将鱼刀口封好，连同腹中的碎羊肉同烧。结果，鱼肉酥嫩，羊肉不膻，风味特殊，遂成名菜。当然，这则传说纯属无稽，只是后人的穿凿附会。但鱼肉加羊肉而烹，确是无上美味，这可由将军的此道菜获得证实。

张北和的"鱼加羊"，是以大尾的加州鲈鱼做底，将中段的鱼肉剔出置于右侧，左侧为带皮羊肉，鱼中段的部分则摆上去壳九孔，以大火蒸透。三汁齐释出，调和在盘中，其味道之鲜，自不在话下。其制作难度之高，亦令人难以想象。

"梅姜鱼片"是最后上的一道羹汤。羹在先秦到两汉的饮食中占有重要地位。据《礼记·王制》的说法，"羹食自诸侯以下至于庶人，无等"，是人人可吃的大众化菜肴。而且亦唯有这段时期，食品仅有制羹时，才需调和五味，反映出当时烹调的最高水平。一般来说，调味以咸、酸为主，故《古文尚书·说命》下篇留有

"若作和羹，唯尔盐、梅"的名句。

张北和的鱼羹，谨守古法，主要是用紫苏梅、姜丝及食盐调味，其上撒些胡椒粉。鱼片我倒是吃过两种，一是橘红色的鲑鱼片，另一是雪白色的鲷鱼片。前者颜色较艳，肉质较滑，感觉甚佳；后者则勾芡较浓，肉质较实，感觉亦好。然而，"食无定味，适口者珍"，只要对胃口，即是好滋味。

这道羹主要的作用在解酒、消积，是美馔，亦是好汤。

七、虫草炖牛鞭，虫草酒

虫草即冬虫夏草，是驰名中外的珍贵药材，具有滋肺补肾、补精益髓、补肝养心的功效。它又能调节全身机能，改善血液循环，具有维持内分泌正常的作用。

虫草宜药宜膳，以虫草炖牛鞭，乃张北和所独创。且这道菜，还曾荣获台湾一九八三年的金厨奖，是一道大有来头的创意菜。

牛鞭又叫牛冲，性甘且温，能补肾壮阳，改善性功能。我曾吃过这里的两种做法，一是牛鞭直接煨透，切成细块，将虫草垫其下，较不稀罕；另一则是将牛鞭整条盘曲固定，先将之划开，取出尿管，以去骚味，然后再区分成十来节，连而不断，并在每节上插一根虫草，好似湖北和宫廷名菜中的"蟠龙菜"。只是"蟠龙菜"取用瘦猪肉、去骨鱼肉等以蛋皮制成，远不及牛鞭来得壮观实在。且炖牛鞭的嚼劲，似牛筋而更滑腴，连尽三块，不亦快哉！

张北和亦善制补酒。其中，又以虫草酒最为知名。据《本草纲目拾遗》的说法，"以酒浸虫草数枚啖之，有益肾之功"。这酒乃滋补的佳品，虚劳咳血、阳痿、遗精、神经衰弱、腰膝酸软者，最宜常饮。将军所酿的虫草酒，以米酒头为酒基，酿制经年而成，入喉醇和，不辛不蜇。此酒口感不错，常年有供应，想喝几杯的，不妨常光临。

八、牛羊睾丸，比谁最大

国人视牛睾丸为补肾益精的食物，其对睾丸硬化和疝气的治疗相当管用。张北和制作此菜，用的手法甚为平易。首先取淮山炖透切块垫底，再铺上炸过的海苔，最后将牛睾丸炸透，切片放在最上层。其命名亦绝，就叫"谁最大？"。在品尝时，我觉得牛睾丸片与淮山口感较为干涩，谈不上是佳肴。恐怕此菜纯属药膳，本不以美味见长。

至于羊睾丸，就有意思多了。其一名"羊石子"，又叫"羊春子"。无论对男女，均有其效用。妇人若无法生育，则食此可增加受孕的机会。就男人而言，则主治虚损盗汗、肾虚阳痿等诸般隐疾，是补肾、益精、助阳的妙品。

张北和制作羊睾丸，是取其与山药，同鸡汤煨熟，汤置别碗，羊睾丸则和山药起出，放在盘内。羊睾丸里的汁液极多，整枚呈饱满状。先用牙签刺破，将汁滴入高粱酒中，其味清隽而鲜，食之亦是不可多得的体验。我甚嗜盘中的山药，其"既可充粮，亦堪入馔"，能"补脾胃，调二便，强筋骨，丰肌体"，久服又能"耳目聪明"，故《神农本草经》将其列为上品，多食有莫大助益。

在这道菜里面，山药的松脆而软与羊睾丸的外糯内实，恰成强烈的对比。如能多食纳腹，必收相辅相成、相得益彰的无尽好处。

九、牛肉精品，鼎足而三

将军有三道牛肉美馔，分别是"麻辣牛肉""水铺牛肉"及"牛小排笋尖"。三者各有各的美妙，在此一并而写，只为让阁下印象深刻而已。

"麻辣牛肉"本身不麻不辣，吃起来微感麻辣，只因蘸了胡椒粉和辣油。这道菜考究的是炙功与选料。肉片小而薄，肉质有变化，"触"感为外爽里嫩、脆而不硬，咀嚼之后，甘香尽出。其火候拿捏之准，绝非庸手所能为。

"水铺牛肉"用鲍鱼、老鸡、黄豆及黑糯玉米做汤底，熬久而极鲜。这里头最令人咋舌的，是选用六只拳头大的新鲜鲍鱼。鲍鱼即鳆鱼，早在两汉时代就被视为珍品，王莽、曹操都很爱吃，向为上等筵席必用之物。其内含丰富的蛋白质、各种维生素和磷、铁、钙等矿物质，营养价值极高，能补心暖肝，滋阴明目。其味本鲜，煲久愈美。喝碗鲜汤后，把用牛肩胛肉片成的长扁适中之舌状肉块，平铺在鲍鱼之上，以吸取其中的精华。刚熟即入口，真有妙滋味。为求爽润，可将日本人嗜食、极为昂贵的柳松菇放入汤中烫着吃，尤能感受其独特口感。若论适口充肠，实在无逾于此。等吃得差不多了，张北和另将整锅带皮羊肉，倾入汤中，这是另一款的"鱼加羊"，怎一个鲜字了得！

谈起牛小排，人必盛称正牌的"台塑"以及"联一"。其实，它们的牛小排，均用大蒜和调味酱压味，很难体会出牛肉本身的香味。要尝真正的好味道，势必得移驾到台中找将军了。其牛小排，我吃过两种做法：一为炭火烤制，一为原味卤透。烤者略加糟而增香，卤者纯原味而不腥，都是高明的手艺，等闲不易炊制。再以桂竹笋尖配前者，孟宗竹笋配后者，莫不滑腴、爽脆，让人吃得津液如泉涌。

十、翡翠芥菜，五爪金龙

芥菜的种类很多，将军所用的，乃制雪里蕻（雪里红）的细叶九头芥。取其菜心内的嫩叶，放沸水中一汆后，颜色翠绿欲滴，看了就合脾胃。芥菜性辛热而散，能御风湿，利气豁痰，和中通窍，有良好的清肝和发汗作用。其最能克制肥浓厚腻，故在尝完药膳或大餐后吃上几根，可利膈开胃、尽涤厚腻。

"五爪金龙"其实是猪腿之精华，乃由猪前腿之膝弯处，截取一片筋皮相连的肉。肉中五筋俱现，状如五爪，故名"五爪金龙"。一卤透后，直接上桌，皮酥筋烂肉糜，三味调和，味蕾齐放，真是清醇香糯之隽品。张北和自称其味道远超过万峦猪脚，信然。不过，一只猪前腿才割下一片，光这一盘要消耗几条猪，诸君不妨仔细算算，其价几何？此菜诚为豪客手笔，日常岂易吃到！

这两道菜，既可径品原味，亦可与其独门秘制的干贝酱搭食。干贝酱有"XO 酱"之称，意为酱中极品。张北和的干贝酱料实而华，是不可多得的绝佳美味。其内容有干贝、腊肉、开洋、红葱头及飞鱼子等，比例若干，无从知晓。用筷子夹取一撮，沥去浮油，摆在芥菜或猪腿精华上，同放入口中细嚼慢咽，那滋味之醇之美，就非区区笔墨所能形容的了。

十一、小吃绝品，细数不尽

"将军牛肉大王"店内的小吃，主食以牛肉水饺、牛肉面、牛肉饭、羊肉泡脚、排骨面、排骨饭、鲍鱼猪脚饭及前述的无膻羊肉、米粉等为主；副食则以泡菜、酸菜、苦瓜、卤豆干、豆仔鱼及虱目鱼等为主。其中，牛肉水饺、牛肉面、卤豆干、酸菜与泡菜这几味，更是令人难忘，我纵已吃过数回，却总想登门再尝。

其酸菜炒制后甚为够味，可开胃生津，促进食欲。自制的泡菜，爽脆可口，加干贝酱而食最妙。卤豆干极为入味，软厚松透，大见功力。牛肉水饺尤值得大力推荐，其馅颇具巧思。除用牛肉、韭黄剁碎糅合外，另包入以鸡脚熬成的厚胶冻，饺皮甚薄，鸡脚冻遇烫即化，汁融肉内，致牛肉馅不柴不涩，格外好吃。其蘸料舍弃传统的酱油、麻油及醋混合而成的调汁，而改蘸胡椒末或红醋，亦可直接食用，均有一番特有的好风味。牛肉水饺物美而廉，百吃不厌。

牛肉面是其起家的绝活，分清炖和红烧两种。牛肉的选料极精，只选取腱子头肉，亦即肉中带筋、状如莲蓬的小花腱肉。炖时讲究配料，尤重火候，成品筋烂而肉不散，色红如胭脂。即使老人、稚童，均能嚼烂咬透，随即入口而化，真是妙不可言。而其肉色增艳，亦有诀窍，此乃唐鲁孙所传授的，加上福州红糟之法，断非他店所能望其项背。这牛肉之好，放眼全台各店，无有能出其右者。其不以价钱取胜，反用品质保证，真是难能可贵。

在神游完这些菜色之后，不知阁下食指已然动否？相信有幸到此一尝后，必然知晓这里的"色、香、味、形、触（口感）"俱臻化境，甚至认为我所描述的尚不足以曲尽其妙呢！

我则于品尝之后，禁不住书兴大发，亲撰"庖羲（指伏羲氏，为中国饮食之祖）真传"及"牛羊双冠"两横幅及其名字之嵌字联相赠。上联为"北狩牛羊乐烹宰"，下联为"和调鼎鼐定爵尊"。前者取李白"烹羊宰牛且为乐，会须一饮三百杯"的典故；后者则以《老子》"治大国若烹小鲜"相许。诸君试思：能狩牛羊者何人？将军是也；能定爵（位）尊（号）者何人？大王是也。如此，将店名之意寓于本名之中，应是吻合而传其神。大师见后，连连谦称不敢、不敢，我则谓此乃平心之论，实至名归。

春菜出击无敌手

"奇庖"张北和，早年除烧了不少得过金奖的招牌好菜外，也喜露个两手，玩玩春菜，赋予传统的鞭、睾丸以新生命，巧思层出不穷，令人目不暇接。不明底蕴的人，斥之为"歪厨""怪厨"；懂得欣赏的人，无不想一尝为快。笔者有幸前后吃了几次，但最精彩的，则是十年前的这一回。

当天，一共准备了十道精彩绝伦的珍馐，所搭配的饮料，则为其研制的仙楂茶和遵宫廷秘方制作的金刚酒，效力惊人，一世受用。他并为此宴下个脚注，云"春言春语乐开怀"。

一、开胃两头盘，诱人馋涎

首先上场的两道菜，分别是"葱汁鳕鱼肝"和"飞蕾炒虾仁"。鳕鱼肝流行于日本料理店，通常是在其上弄些萝卜泥、葱花，间或用辣提味，味道还不错，终究是平凡。张北和的做法硬是不同，在大白瓷盘正中央摆满鳕鱼肝，用法式葱煎鹅肝的手法，先炙到入味，然后在其两侧，放已洗净花粉的剑兰花，另将渍姜丝与脆贡菜斜斜相对，造型朴雅，一洗铅华。吃时，取剑兰花包裹鳕鱼肝后，趁热送口大嚼，滋味清馨糯绵，果然非比寻常，随即激起食欲，达到开胃效果。如果惜花不吃，光搭配其旁的渍姜丝与脆贡菜，亦甚妙绝。

诸君或许纳闷，这"飞蕾"到底是何方神圣，怎么会名不见经传呢？说穿了，一文不值，此乃韭菜花头与嫩韭菜白色部分切丁是也。"飞蕾"一词，出自张氏奇想，大抵还算贴切。关于韭菜，梁实秋在《雅舍谈吃》中指出："韭菜是蔬菜中最贱者之一，一年四季到处有之，有一股强烈浓浊的味道，所以恶之者谓之臭，喜之者谓之香。道家列入五荤一类，与葱蒜同科。但是事实上喜欢吃韭菜的人多，而且雅俗共赏。"它除了叫"懒人菜"外，又有个与本文切题的名字，称"起阳草"。

韭菜原产于中国，最适合炒、爆、熘等菜式。在选择时，以"肥嫩为胜，春初早韭尤佳"。中医认为，其味辛性温，能行气、散血、解毒，但"多食则能昏神暗目"。西医亦肯定其疗效，认为它可使血液的循环畅顺，保持一定体温，对低血压、神经痛及预防感冒等，甚有效果，号称"维生素的宝库"。韭菜花的成长期为四至十月，以秋初所产最佳，"亦堪供馔"，有杀菌、驱虫、解便秘之功，对干眼病、夜盲症患者，亦极有益。这两样东西的共同特色，则是既可以促进消化，亦能助阳。

虾子是有名的壮阳物，此为大家所深知，以产于淡水湖中者最味美。清代名医王士雄称其"通督壮阳"，能"补胃气"，颇利于炒食。故这道"飞蕾炒虾仁",妙在颜色光鲜(青翠、粉红、雪白相间),口感爽脆,气味极"香",登盘荐餐后,立刻被众人吃到盘底朝天。

这道菜亦可自行制作,但不必这么费事。考究点的,先取葱白切段炒虾仁即可;随兴的话,只消韭菜全体切段也行。倘独钟韭菜花,则其与南极甜虾的组合较佳。做法为韭菜花先洗净,切约三厘米长段,俟油热后,用旺火快炒,盛于盘之四周,正中置虾即成。

二、党参唇翅汤,精华内蕴

接着端上来的是"党参唇翅汤"。这菜很有意思,相当耐人玩味,挑逗舌端味蕾。鱼翅本身因缺乏色氨酸,属不完全蛋白质,很不好消化。中国人早在宋代,即已普遍食用(见《宋会要》),外国人至今,还不太懂得欣赏。唯其在酒席上大量运用,实与满汉全席有关。根据《本草纲目拾遗》的叙述:"今人可为常嗜之品,凡宴会看馔,必设此物为珍享。……瀹以鸡汤佐馔,味最美。"

至于鱼翅的部位,主要分为背翅、胸翅、腹翅(含臀翅)及尾翅四种。其中,尾翅又有三围、钩翅和勾尾等名目。张北和烹制此菜,用的是锯鲨尾翅不带骨的下半块,行话称为"玉吉",其翅筋既多,再加上皮滑肉厚而腴软,质量不差。它具有降血脂、抗动脉硬化与抗凝作用,对冠心病患者,颇具疗效。况且它"以清补胜,煨糜甚利虚劳",亦有益气、补虚等功能,是有名的"上八珍"之一。

鱼唇也是好东西,中国人早在唐代即知食用,当时称"鹿头",

后又叫"鱼嘴"。它可不是鲨鱼的嘴唇，把鱼翅根部的软骨剔除后，现出白色胶冻的翅肉即是。其价钱次于鱼翅，列入"中八珍"内。广东菜馆在做鱼翅时，都去此不用，但北方和淮扬菜馆则翅、唇兼用。张氏烧法，与后者同，肥浓厚腻，几已黏唇，真是好食！唯鱼唇富含胶原蛋白质，本身不好吸收，容易停积在肠，想要尽数化解，非用党参不可。

党参利在调和脾胃，乃一强健胃药，能辅助胃肠之消化，促进乳糜之吸收，临床用于一切衰弱之症。且其"功用可代人参"，又能大补元气，补气血，养筋脉，真是唇翅的好搭档。

这道菜真不简单，它采用古法，专用鸡高汤吊味。唇翅佐以党参的味甜微苦后，有其特殊香气。满满盛入碗中，大口饱啖唇翅，徐徐饮下高汤，这种痛快劲儿，保证一世难忘。在众人舌端仍回味其余韵时，更引人侧目的"淫羊藿炖鳗"，业已端上桌来。

三、淫羊藿炖鳗，助兴极品

淫羊藿很有意思，依南北朝时，有"山中宰相"尊号的陶弘景之说法，"服之使人好为阴阳"。人们发现西北边区的公羊，在吃了它后，春情发作，必威而刚，竟"一日百遍合"。故它又叫"仙灵脾""千两金""放杖""刚前"等，"皆言其功力也"。此尤物能治阳痿及"补下，于理尤通"，所以自古以来，一直炙手可热，而帝王亦多以此助兴。

至于和淫羊藿同炖的鳗鱼，学名鳗鲡，古称白鳝。其生长快速，肉质细嫩，肥而多脂，味甚鲜美，有"水中人参"之誉。"肥大者佳"，大者价昂（指三斤以上，到达四斤重已是奇葩），产量不多，以蒸食或炖食为美。它除了疗疮伤、补虚羸、祛风湿外，更是滋补强壮剂。此味乃取三斤多巨鳗，与淫羊藿共同炖之，肉质肥糯，汤汁浓醇，酥烂细腻，香鲜柔滑。席中每人各尝一块，我则一举而三，即头、尾及中段各尝一块，真是快乐得不得了。由于它的滋味实在太棒（另释出一股竹叶香气），转眼一大锅汤，便被喝个精光。

紧接着送上"石虫炒玉笋"。这玉笋嘛，如不说破，恐怕阁下想上半天，也搞不清它是啥。嘿！我不卖关子，此玉笋即乳猪的"小鸡儿"，整个呈雪白，似蛆而更小，放在嘴里咬，发出"卡兹"声。石虫（活的冬虫夏草）亦整只雪白，像蚕而稍大。两者同纳一盘中，嚼来极松脆，真是好搭档。但为了分量与色相，张氏另取中猪的宝贝切段同烧，口感甚爽糯，也挺有吃头。他怕我们一行人吃不饱，又上了两盘洋葱煎小牛肉。一下子吃了不少肉，个个喜不自胜，都流露出满足的神情。

四、虫草两奇菜，叹为观止

两道虫草菜接连出炉。这虫草为冬虫夏草的简称，它乃虫草菌的子座与寄主蝙蝠蛾幼虫的混合体，主产于四川的松潘高原和青藏高原，甘肃和云贵高原亦有出产。将此好物入馔，始载于清人吴敬梓著名的社会写实小说《儒林外史》。《柑园小识》则谓其"与老鸭同煮食，宜老人"，且"凡病后调养及虚损人，每服一鸭，可抵人参一两"。

在烧虫草菜时，为突出虫草，使其醒目，多将其有规则地插于主料的向上部位（如鸡、鸭的胸脯等）。且它虽经长时间加热，仍不烂不绵，柔脆如豆芽，端的是好味。唯这玩意儿的价钱，贵得让人咋舌，一般上馔，只用八只，算是摆个谱儿。像张北和这样，一盘放个几十只的，真是凤毛麟角，平生难得一遇。另，虫草的疗效甚佳，最有名的是，入肺、肾二经，舒张支气管，降低血压。中医更认为，它主治虚劳咳血、阳痿遗精、膝腰酸痛等，实亦为一有用的壮阳剂。

我们先尝"虫草卤斑鸠脯"一味。其做法是，截去斑鸠的头、翅、腿，光取其带着三角状胸骨的胸肉，先用卤汁卤透，再煮熟至酥硬，与焙过的冬虫夏草同食。这斑鸠素与竹鼠齐名，号称"天上的斑鸠，地下的竹鼠"，乃小鸟中的上品，一向是人间美味；昔时酒家卤制出售，为著名的山珍之一。它能补益胃气，养老和中，实为上年纪人的绝佳补品。

本菜在品尝时，可用手直接取食，一口半个，两口即尽。肉质紧结细密，味道极为鲜美，好得出人意表。我则"一犹以为不足"，连续落肚两个，真的过瘾极了。

接着品尝的是"虫草烧牛鞭"。牛鞭约莫有两尺长，盘踞在盘四周，相当有看头。我上回吃的时候，系整条制作，于除去输尿管后，下刀切段，连而不断；然后在每节之上插支虫草，形状如龙蟠绕，蔚为奇观。此次的烧法，和前次不同，系在牛鞭切块之后，排列使其蟠屈成形；其鞭首特别地突出，好像巨蟒在吐信般，十足展现个人创意，视觉、口感都属一流。这道菜因烧至入味，腴滑之中还会弹牙，令人击节赞叹不已。

五、鸡牛两颗蛋，滋味绝佳

吃罢鞭菜，睾丸菜接着登场。打头阵的是牛的巨蛋，跟着再上鸡的小不点儿。

人类用牛睾丸治阳痿，始见于三千多年前的《埃伯斯药典》。牛睾丸俗称"牛春子"，经近人化验分析，其含有丰富的蛋白质和荷尔蒙，食疗价值特大。而且它另含一种性腺分泌物，并有未经分泌的精子细胞，能治疗性神经衰弱，即所谓的"肾亏"症，重振男性"雄"风。关于其做法，香港师傅采用白焯、红爆这两种方式。

而这两味的烧制，闻名港九的美食家吴锦锐，曾有生动的描述。他指出前一味为"侍应端出菜式，一片片像鲍片那样的东西，摆放在卵形碟上，周围伴着刀章细致的葱丝、椒丝，洒上一些芫荽叶，色泽谐和合衬，很能惹人食欲。捞匀之后，举筷啖之，爽脆软滑，看似鲍片，不是鲍片；爽似猪腰，不是猪腰。揭开谜底，原来是牛睾丸，用上汤白焯，与席者大叹是难得珍味"。而红爆之法，则费时多了。"善饮的人，可用两颗牛睾丸切开剔除筋膜，用姜汁、酒略腌。烧红瓦罐，下油爆炒片刻，将酒淋下，酒可用平日喜欢的，如糯米酒、双蒸、拔（白）兰地均可，酒滚后上碗饮用。"

至于张北和的做法，比起香江二味，那可是更具巧思啦！他先用巴戟天熬出的汁将其浸渍，再裹面包粉软炸，外观很像酥炸里脊，入口之后，口感韧爽，质地细密，较诸里脊，更胜一筹。

这巴戟天也是壮阳的妙品喔！它既可祛风、除湿，更能强筋、补肾，治阳痿等症。取牛睾丸与之同烹，这个壮阳组合，堪称绝配。

明清两代的帝王之家，对吃鸭腰子的兴致，一直居高不下。如明神宗于每年三月必吃的稀奇"事件"之一，便有雄鸭腰子。大者一对可值五六分，只因食此可补虚损。另据清宫《敬事房日记档》的记载，同治皇帝即位那天的傍晚，慈禧太后万寿前夕的暖寿家宴，于申时二刻（下午三时半）起在养心殿举行。该宴共计有火锅二品、大碗菜四品、中碗四品及碟菜六品。其中，中碗菜那四品里头，即有"烩鸭腰"一味，足见其受重视之程度。

鸭腰子的来源极少，现在一副难得。张北和便取鸡腰子制作本菜，先剔除其筋膜（亦即刮去了"久食令人伤肾"的副肾）后，其软嫩一如中华豆腐，又好像猪脑髓，整个酷似上等田黄，光泽浑圆，晶莹剔透。用此与九层塔炒过，即放在一张大的薄煎饼上，然后再覆以一张大小相当的薄煎饼，上下包住，切块而食，酥脆可口，香溢齿颊。此菜富含荷尔蒙，座中人一致赞扬，皆曰常取此而食，一定比SKII有效。

六、甜品一级棒，能威而刚

在大家的笑闹声中，压轴好戏终于现身了，此即"银耳田鸡宝"。您若以为此田鸡宝是著名的哈士蟆，那可就大错特错了。哈士蟆乃中国林蛙或黑龙江林蛙，雌性哈士蟆的输卵管之干品，人称"田鸡油"或"蛤蟆油"，因含有丰富的维生素A、B、C及多种激素，民间早就用来做强壮剂。而冰糖哈士蟆，更是有名的餐后甜品。张北和不取田鸡油涨发，而是取雌田鸡的卵和雄田鸡的精囊，一块儿用白木耳炖成甜汤。白木耳爽脆，精囊柔腴，蛙卵滑糯，三者共纳一碗，一再细玩其味，令人拍案叫绝。那它作用如何？不劳诸君推想，铁胜蓝色药丸。

末了，水果上桌。竟是将果后（山竹）的外皮，去其上半部，露出纯白如蒜瓣的果肉，紫白争辉，诱人涎垂。众人争相取食，一盘转瞬即空，并为这顿精彩绝伦的春之飨宴，画下一个完美的句点。

阁下一定很好奇，区区七八人，怎吃得下这么丰盛的道道大菜？其实，并非与会者都是大肚王，而是靠着张北和独门泡制的仙楂茶硬撑。这仙楂乃山楂，含酸甚重，能帮助消化肉类的蛋白质。此即清人王孟英所谓的"醒脾气，消肉食，破瘀血，散结消胀"（《随息居饮食谱》）。山楂还能清除积蓄在血管壁上坏的胆固醇，对治疗血管硬化之高血压症，极为有效。咱这群人虽进"补"甚多，却不虞引发后遗症，即是仰仗其力。此外，山楂还可强心、降血压。饮罢此茶感觉至爽，飘飘欲仙，张氏取名"仙楂"，倒也名副其实。

这桌上好春菜，固然惊世骇俗，但却好吃管用，在日积月累下，必能固本强精，日起有功。其食材虽不匮乏，可惜不能常享，未免有些遗憾。撰文志此盛事，愿与有志同好，一起分享心得。

山河大餐味够野

台东人泛称鼠类为"山河"，他们特别爱吃田鼠、山鼠；岭南人专称家鼠为"家鹿"，是大饥荒时的美味。其实，鼠肉风味绝佳，只要清洁卫生，加上料理得法，不好吃才怪哩！

一、打开中国吃鼠史

十二地支中，以子为首，子年的代表即是鼠。子年之所以有鼠，自古就有不少传说，这些传说纯属无稽。而如单就繁殖能力来看，老鼠居十二生肖的首位，倒是毋庸置疑。据统计：一对家鼠在一年里，就可以"五世其昌"，四年即可衍生出一百七十六万三千四百只；而野鼠的繁殖力，更是惊人，四年之内，居然可生出一亿一千六百八十二万七千九百二十只来。难怪鼠类可以横行无阻，数量实在是太多了。然而，在各种灭鼠的方法中，以捕而食之最为大快人心。

人类吃鼠的历史，应已十分久远。上古恐怕早就吃鼠，只是不见于信史。以中国为例，当人们遇上饥荒饥饿难耐时，鼠类无不遭殃。像西汉的苏武被迫在北海牧羊时，三餐不继，只好掘野鼠、吃草根来果腹。汉朝末年，袁绍围青州城，守将臧洪粮尽，部下掘鼠为食，以待援兵。而身处围城无物可吃之际，鼠价也贵得吓人。如元朝末年，张士诚自称"吴王"，被徐达困在姑苏城内，九个月后，军民粮食无着，一只小老鼠，居然要卖百钱。此见于明人杨循吉的《吴中故语》，想必所言不假。

为满足口腹之欲而吃鼠，据《朝野佥载》的记载，早在唐朝时，岭南人就颇好此道。大文豪苏东坡在贬官海南岛时，因无肉可吃，也曾吃过熏炙鼠肉和烧烤檐鼠（即蝙蝠，又名"仙鼠"）。到了明清，粤东农民在收割完毕后，则以按穴捕捉田鼠为副业，不是留着自己食用，就是制成腊肉兜售，很受食客的欢迎。

台湾吃山鼠肉，应为客家人士首倡。远在康熙中叶，客家人大举渡海来台，当时近海且肥沃的平原，已为闽南人所有，为了维持生计，客家人只好在山坡的丘陵地，或贫瘠的土壤上垦荒种植。在一些山势陡峭的地方，不能种植水稻，只能种些番薯、山芋果腹。但鼠类却最爱吃这类东西，于是鼠穴接连、鼠辈横行，将农民辛勤耕作的作物，啃个精光，只只吃得又肥又胖。农民在切齿之余，对其大举捕杀，由于尸积如丘，人们便仿效故乡粤东、闽西的习俗，以鼠肉入馔，其终成为人们冬季肉食的主要来源之一。而吃不完的则用来灌制香肠，味道极美。现在则因鼠源有限，山鼠肉尚可吃到，但鼠肉制作的香肠，已许久未曾尝到！

到了日本殖民统治时代，嘉南平原蔗田广袤，又成了田鼠的天堂。田鼠因为破坏性极大，遂成了猎杀的对象。蔗农往往在收割前，先相中其中的一块"宝地"，自四面八方向中间砍伐；田鼠纷纷内窜，待合围完成后，将四方锁定，即大开杀戒。然后携回家中做菜，或请小馆整治，群聚下酒。而今嘉义有些地区仍可经常吃到现抓现宰的新鲜田鼠。

早先，因冬季盛行吃鼠，台湾尚有年初三食鼠肉的风俗。但现在肉食品丰富，人们早就不时兴吃这玩意儿了。

其实，可吃的老鼠有不少种，但对养身有益的，大概只有六类，如能经常食用，还具食疗功效，只是目前鼠肉难得，以致无法常吃。但有这方面的常识，一旦遇上机会，自然可以大补一番了。其中，田鼠、家鼠与松鼠，在台湾较为常见，而鼢鼠、黄鼠及竹鼠，只有去大陆时才能吃得到。

田鼠俗称"黑耗子""地猴"，是台湾目前鼠产量的最大宗，而在大陆更是分布极广，尤其在珠江三角洲一带还可做家常菜，另江苏等地的农村也有捕食者。其做法既可以红烧，也可以卤制，或以盐、糖、蒜、豆豉等调味料腌后烤食。在台湾，最为风行的做法则是三杯；但若与红枣、黑豆、子姜等炖汤来吃，对暖胃、护发，颇有助益。据有经验的人士说："田（山）鼠的肉，十分滋阴，妇女虚弱，用来调补，疗效尤佳。而产后的妇女，如适逢冬季，能买得到腊鼠，与饭合蒸而食，不仅恢复迅速，且能预防'产后风'。此外，病后用田（山）鼠做补身品，更能促进精神和体力的复原。"

谈到吃家鼠，大多数人一定觉得很恶心，所以，岭南人食而讳之，将其称为"家鹿"。家鼠的种类很多，如褐家鼠、黑家鼠、黄胸鼠等，均可食用。吃前，只要注意毒死者不食，并在去其内脏、头尾、四肢、毛皮后方食，即无大碍。

竹鼠的正式学名称"中华竹鼠"，俗名很多，如四川人叫"吼子"，广东人叫"土麟"，云南人叫"独鼠"等。它主要分布于闽、粤、滇、川及陕南等地区，其中尤以广西昭平县所产的最称肥美。中医认为其味甘、性平，可益气、养阴及解毒。

黄鼠因其"见人则交其前足，拱而如揖"，故又叫"礼鼠""拱鼠"，俗称为"大眼鼠""地松鼠"，主产于内蒙古、东北、河北、山西等地。古时辽人视其为珍品，现已少见食用。中医认为其肉味甘、性平，可润肺、生津。

《医林纂要》称松鼠为"栗鼠"，东北一带称为"灰鼠"，肉滑而细，脆而甘。鄂伦春人捕到后，用来制作火烤肉、火烧肉及清炖肉等；基诺族菜肴，则有松鼠肉汤一味；东北的吉林菜用之入馔，以飨贵客。中医认为其味甘咸、性平，可治肺结核、消瓜果积。

鼢鼠也称"鼹鼠""犁鼠"，俗称"瞎老鼠"，分布于大陆的东北、西北地区。其肉质细嫩肥美，去皮及内脏洗净后，可供烤炙或炖食。我国古代就已食用。晋代陶弘景《名医别录》即指出："鼹鼠在土中行，五月取，令干，燔之。"中医认为其肉味咸、性寒，可解毒、理气、杀虫。

谈完了各种鼠类的分布与疗效后，便要介绍历史上和现在各式的鼠肉佳肴和美点。

根据《朝野佥载》一书的说法，早在唐朝中叶时，岭南人就将刚出生"通身赤蠕"的小老鼠仔，以蜂蜜饲养数日。吃前，把它放入盘内，鼠仔还"嗫嗫而行"，用筷子夹取而食，咬之作"唧唧"声，故有"蜜唧"之名，听了让人寒毛直竖。连好吃的大老饕苏轼都不例外，其在《闻子由瘦》诗中便写道："旧闻蜜唧尝呕吐"。他老兄最后到底吃了没有，苏集中竟无一字记载。由于"儋耳至难得肉食"，想必还是吃了。

已故的食家唐鲁孙，虽然尝遍大江南北的知名美味，但自称碰上这道菜，他照样浑身起鸡皮疙瘩。一次席上有这道菜，他竟然逃之夭夭，直到撤席才回座位。原来这道菜在民国初年的"大三元酒家"叫"蜜汁老鼠"，上海的"秀色酒家"则叫"蜜渍乳实"，以大瓷盘加银罩上桌，里头围着一圈头里尾外还没长毛的玫瑰色小乳鼠。主人照例会拎起鼠尾让客，嗜吃者，吃得津津有味；胆小者，吓得夺门而出，真是一幅相映成趣的画面。这种骇人听闻的玩意儿，恐怕现今已罕供应，终成广陵绝响。

广东《顺德县志》记载，"鼠脯，顺德佳品也，大者一二斤，炙为脯，以待客，筵中无此，不为敬礼"。鼠脯现多销往港、澳地区。又福建西部宁化县的特产熏鼠，在明清时代即天下闻名。其制法为，每年立冬后所捕得的田鼠和山鼠，经蒸煮、脱皮、剖腹去肠肚后，将其肉、肝、心一起置于盛有米饭或细糠的热锅中熏烤成干。成品光亮透红，味香可口，不仅是席上名菜，更是出口的抢手货。

李时珍的《本草纲目》上说："黄鼠出太原、大同、延绥及沙漠诸地，皆有之。辽人尤为珍贵。状类大鼠，而足短善走，极肥……味极肥美，如豚子（乳猪）而脆……辽金之时，以羊乳饲之，用供上（皇帝）膳，以为珍馔。"烧烤的黄鼠，居然要用羊奶喂养，以供皇帝享用，足见身价不凡。然而，到了明代末期，其已渐乏人问津，难怪李时珍会说"今亦不甚重之矣"。

相传在宋代，广西昭平地区民间制作的腊鼠肉，就已名闻远近，被达官贵人视为席上美味。在明末清初时，当地酒楼的厨子遂将传统的焖烧腊鼠改良成红烧竹鼠，味道极美。到了二十世纪三十年代，其便成为宴席中的名贵佳肴，与广西名菜"红扣果子狸"齐名。其制法为武火烧沸，文火慢煲，九成熟时，起锅炸至金黄，换水加料焖至全熟，切块后，原形拼入盘上，浇汁即成。其以形象精美、色呈黄明、皮酥肉糜、甘香可口而著称于世。

台中"奇庖"张北和本以药膳知名，我曾尝他做的鼠肉，味道相当了得。张氏将米酒和食油先行将姜片等作料爆过，然后旺火烧开，用炖锅密封田鼠肉，再加巴戟天（中药名，能固肾壮阳），以小火慢炖，等到异味去尽，闻肉香释出，便切块装盘，周围摆满大白菜嫩心，浇上鲍鱼熬成的浓汁就可以食用。这道菜色泽黄润，香气浓郁，皮滑肉腴，细致鲜美。尤其是姜片尽去辛辣之气，而熬出的胶质竟能将双唇紧黏，着实令人佩服。这道菜的名字来自张北和由中药材巴戟天所产生的联想，叫"巴结天鼠"，我曾在前一轮鼠年将届前品尝，实在是口福匪浅。

二、全鼠大餐在台湾

而今在台湾最常吃的老鼠是山鼠和田鼠。山鼠嗜食地瓜、芋头的根茎，习性与豪猪相仿，有人就将其喊成"山豪"，叫着叫着，以讹传讹，最后竟称为"山河"（山鼠除"鬼鼠"和"铁爪鼠"因腥恶难闻外，一般都可食用）。

至于田鼠，除早年的稻田外，蔗田是其"胜地"，产量丰沛。台湾的东部与中、南部，一度因货源充裕，而成为嗜食老鼠者的大本营。而之前位于台北市南港高速公路出口附近的"老鼠城"，即曾因烧法多样而名噪一时，连日本的 NHK 电视台都特地前来拍摄。不过，自吃鼠风气大衰后，除了一些乡野的小餐馆尚有零星供应外，饕客已渐有求食无门之叹。在此，且为诸君介绍一个吃鼠胜地，那就是以供应全鼠大餐而扬名的"和乐食堂"。

嘉义县鹿草乡，是一个名不见经传的乡下地方，很多读者可能听都没听说过。然而，位于西井村六一九号、逾四十年历史、专治异味的"和乐食堂"，却是个响当当的小馆子。其扬名的"珍品"，都是早年庄稼汉痛恨的害虫——"地猴"和"肚伯仔"：前者是田鼠，后者是蟋蟀。此外，店家也卖些山产、溪产，口感甚佳。因其手艺不错，料理出来的全鼠大餐，尤其脍炙人口，且有十二种之多，许多识味人士，纷纷闻香而至。

鹿草乡附近，有几个台糖公司的广大蔗园，是田鼠滋生的宝地。二十世纪五六十年代，蔗农在工作之余，常捉肥美的田鼠打打牙祭。捕获之后，即交给小馆烹饪，大伙就着鼠肉下酒。"和乐"因烹调出众，尤其受到欢迎，经常座无虚席。自其第二代的林铭志接棒后，在原有的烹调基础上力求突破，首创"三杯田鼠"。推出之后，风行南北，成为主菜。接着，他又费尽心思，从别的肉肴中汲取技巧，增加鼠肉菜单，终于发展出古早吃、清炖、三杯、熏烤、清蒸、白斩、炸八块、葱油生炒、葱爆、盐酥等数种口味的"全鼠大餐"。

其中，三杯田鼠是由一杯米酒、一杯麻油、一杯酱油，再加入辣椒、姜片、蒜头及九层塔爆炒而成，料实味重，家家会做，非常普遍。"和乐"虽开风气之先，但仍不忘改进，在料酒上下功夫，不用米酒，而改用自酿的药酒，滋味不俗，惹人垂涎。清炖则有两味，其药帖均由前嘉义县警察局局长张秉恒提供，据说对治疗肾脏病有奇效，只是药味极浓，较难领略鼠肉的鲜甜滋味。而炸八块则是取自淮扬名菜，将子鸡易鼠而已；蘸着椒盐吃，肉质细腻甘滑，远比那炸鸡肉还要来得正点。

冷菜的吃法，主要是熏烤和清蒸白斩，这两道都得事先预订，直接到店恐无法吃到。原因是鼠皮有极厚的胶质，须放凉后才好下刀窝切。前者色泽红亮，好似烤乳猪的颜色，煞是好看，入口皮韧肉糯，蘸着椒盐吃，别有滋味。而后者色莹如玉，排列齐整，也很上相，入口皮硬肉脆，蘸些调味料，以免牙酸。若将清蒸后的田鼠，以葱油爆炒，则皮爽肉糜，口感甚佳，不论男女老幼，都"易"尝其妙味。

在所有吃法中，店家自认做得最好的，却是"古早吃"。此味以炒过的麻油酒做底，置入砂锅中，下面线于其内，汤汁鲜甘而不浊，鼠肉则皮腴滑而肉细嫩，香甜尽出。

此外，"和乐"另有一道罕见的奇珍，小小一碟，居然要上百只田鼠方能凑成，上桌一看，很像一盘花生米，原来是鼠肶，也就是鼠睾丸。夹入口中，轻轻一咬，但闻"唧"一声，即皮破汁流，外皮脆而内糜透汁藏，口感真不错，滋味很特别。要吃这道菜，老早就得预约，至于是否吃得到，就完全靠运气了。

"和乐"的鼠餐，固然令人惊艳，但最令人欣赏的，反而是鼠源可靠，保证新鲜。由于食客接踵而至，店无隔宿之鼠，更是让人吃得放心，不必担心卫生问题。而到此吃鼠肉，如能同尝店家自酿的青肉乌豆酒（号称古法至宝，有滋阴壮阳之功），将会更加过瘾。唯此酒色褐味浓，容易入喉，若不加以节制，必有头疼之忧，那就不好受了。

奥妙的巴结天鼠

人生如戏，戏如人生。

然而，既已来到人世间，这出戏就非演不可，无论是叫座好戏还是拖棚歹戏。尽管有命运捉弄，但演出者却可以努力地让它精彩、生动，紧紧地扣人心弦。

大戏如此，小戏亦然。前者非玩不可（出自罗宾森的《火畔歌谣》，亦是《心灵深戏》这本书的漂亮收尾），后者则视个人的投入状况与所见情景的融合而产生不同的张力。如果全神贯注，则会不自觉进入对周遭环境产生兴趣的状态，接着神魂颠倒，废寝忘食，进而达到最高创造力的状态。此即黛安娜·阿克曼所揭橥的心灵深戏。其探讨之深入、分析之精辟，似可与孔老夫子"发愤忘食，乐以忘忧，不知老之将至"的境界，互别苗头。

毕竟，孔老夫子的格局极高，深戏则来得全面，二者皆大有可观，且有可仿效之处。这可是我这种立誓要"读万卷书，尝万般味"的饮食主义者的"独"到见解，等闲不可轻忽。

我爱吃、能吃、敢吃，也懂得吃。前三者根源于天性，后一者则是拜特殊的机缘与不断地钻研积久而自成。但没有这些来自先天的禀赋，不足以造就今日的局面，也不足以一再地引发我内心的悸动。因此，饮食对我而言，的确是心灵深戏中不可或缺的要角。

常令我深戏美味之中的奇庖，乃善治牛羊肉、药膳一把罩、声名遍两岸，被夏元瑜尊为"全台第一"的张北和。他的手艺非凡，长于推陈出新。食友小毕曾说："每次享用他烧的美味，就如同看精彩的武侠小说般，不但紧盯着情节发展，而且内心充满着期待。"

显然小毕心灵的戏，尚未臻最上乘。我常吃到浑然忘我，至不自觉遗世而独立的境界，此中真趣，不可言传。

记得有一次到嘉义鹿草乡的"和乐食堂"吃田鼠大餐，先前已吃过其三杯、古早味、爆炒等三种，今个儿又是炸八块、葱油、烧烤等六种一次上齐，号称"全方位吃鼠"，吃得尽兴，不亦乐乎！临别时，特地向老板要了两只尚未整治的田鼠，准备下午带到张北和那里，由他一手料理。

当晚佳肴满案，妙菜纷呈，佐餐的甘醴则是喧腾一时、价昂质精的"酒鬼"酒。有此口福的仅有四人，分别是经济学家熊秉元、社会学家高承恕夫妇和我。

令人惊艳的道道大菜一一端出，大家举筷猛啖，恣意品享，优游于美食天地间。不知旁人如何！我却心有所系，专待那道鼠馔。

等着，等着，菜终于上了。但见两鼠并排，以大白瓷盘托出，仿佛两座山丘，极其光亮平整，织成一幅美景。我夙喜食田鼠，谛视良久，举箸夹食。哇！那鼠肉腴中带弹性，嫩到极点。橙黄的汤汁胶而不黏，入口醇美。一切恰到好处，简直无与伦比。我边食边赞叹，不意世间竟有如此美味，令人心神荡漾，竟能一至于斯。

此菜是以中药巴戟天黄焖田鼠，药香与肉香融合，散发出一股清逸鲜香。急询张氏菜名，告以"巴结天鼠"，语意双关，妙不可言。

就在那天，我寓心灵深戏于其中，搞不清楚是谁巴结谁了。

辑四　名士食经

学士老饕精饮馔

　　喜好美味的苏东坡，其饮馔功夫之精之富，堪称中国历代文士之最。他之所以如此，一方面固然是本身好吃，另方面则是，他命途多舛，数度被贬，远窜蛮荒，得以享尽"野"味。后者虽不得不尔，透露着几许无奈，但黄州、惠州、儋州的三度放逐，却使他奠定了文坛宗师与饮馔巨匠的地位。其得失之间，实难以衡量。

　　黄州的那五年，确为苏轼一生最重要的转型期。在此之前，他与弟弟苏辙的文章不相上下。自谪居黄州后，"驰骋翰墨，其文一变"，完成了脍炙人口的前、后《赤壁赋》及《念奴娇·赤壁怀古》等千古绝唱，同时自盖"东坡雪堂"，潜心研究饮食之道，遗爱嘉惠众生至今。

　　苏东坡在黄州所烹制或触及的美味，最主要的有"东坡肉""东坡鱼""东坡羹""东坡饼"及蜜酒等数种，且在此一一介绍如下。

　　"东坡肉"堪称苏轼的金字招牌，曾是电影《饮食男女》中的重要一味。而这"价贱如粪土"的"黄州好猪肉",到了他手上,居然化腐朽为神奇,成了红烧肉的代表作,珍馐的代名词。做好"东坡肉"的关键在于火候,秘诀为小锅、少水、慢火炖。

首先是用小锅煮,东坡的《雨后行菜圃》诗就说"小灶当自养";其次是"少着水",慢着火,"柴头罨烟焰不起";接着是"待他自熟莫催他";最后则是"火候足时他自美"(以上皆见苏轼的《猪肉颂》)。而要拿捏得恰到好处,进而达到水火相济的效果,东坡在《老饕赋》中也透露了两个诀窍:一是"水欲新而釜欲洁",亦即所谓的"净洗铛";另一则是"火恶陈而薪恶劳"。在水、火已能完全配合之后,"水初耗而釜泣,火增壮而力均",于是一锅香喷喷的"东坡肉",便大功告成,可端上桌来大快朵颐了。

"东坡肉"当以几时享用最佳?周紫芝《竹坡诗话》点出苏轼在"夜饮东坡醒复醉"之后,"早晨起来打两碗,饱得自家君莫管"。由此亦可知苏轼的食量甚大,非同小可。

苏东坡当初所制成的"东坡肉",依明人沈德符《万历野获编》上的记载,"肉之大裁不割者,名'东坡肉'"。另,据《都门新咏》一书的说法,"日侩居"(餐厅名)的"东坡肉",其制法为"原来肉制贵微火,火到东坡腻茗脂。象眼截痕看不见,啖时举箸烂方知"。此即将大块猪肉切成象眼块(约八厘米见方),用刀在皮上,轻轻地划上十字纹,使易于入味,然后用微火烹饪而成。看来它像极而今在台湾江浙馆子常吃得到的"烤方",应是东坡原韵无疑。

然而,杭州人却认为他们所烧的"东坡肉"才得东坡真髓。原来苏轼任杭州太守时,为了疏浚西湖里的淤泥,便征召吏民、河工掘泥筑堤,此堤即现在西湖美景之一的"苏公堤"。百姓们卖力

心知肚明

赶工，自然耗损不少体力，为了弥补他们的体力，加快筑堤的速度，苏太守便想起他在黄州时的烧猪肉，遂将绍兴黄酒注入大锅内，给大伙煮猪肉吃，效果出奇地好。百姓感其德泽，世代流传此一烧法，号称"东坡肉"。

这段公案孰是孰非，自有赖诸君自行判断。不过，从"东坡肉"演化而成的"笋烧肉"，倒有一段趣闻，挺有意思。

相传苏轼担任杭州通判时，曾于某年初夏来到潜县（今杭州临安区），下榻金鹅山的绿筠轩。此地茂林修竹，景色颇美。他老兄心怀一畅，随即赋《于潜僧绿筠轩诗》一首，诗云："可使食无肉，不可居无竹。无肉令人瘦，无竹令人俗。人瘦尚可肥，士俗不可医。旁人笑此言，似高还似痴。若对此君（指竹笋）仍大嚼，世间那有扬州鹤？"此诗戛然而止，余味似犹未尽。巧的是用晚膳时，县令刁铸以"笋烧肉"款待他，并谓"吃笋最忌大嚼，只能细尝"。苏轼依言而试，果然滋味不凡，乃打趣续吟："若要不俗且不瘦，餐餐笋煮肉"。

"东坡肉"与"笋煮肉"二者，究竟何者滋味更胜，至今见仁见智，尚无定论。幽默大师林语堂独钟后者，认为"笋烧肉是一种极可口的配合，肉借笋之鲜，笋则以肉而肥"。

目前的"东坡肉"式样甚多，但不拘何种，均须外观美丽，肥而不腻，瘦而不柴，油亮透红，香气扑鼻，令人食指大动，才能列入上品。

东坡居士除肉烧得棒外，煮鱼的本事，也是一流。据《黄州府志》记载，"子瞻（苏轼之字）在黄州好自煮鱼"。另据《东坡志林》的讲法，他所煮的鱼，"客未尝未称善"。他在担任钱塘（今杭州）太守时，有一天，与老友仲天贶、王元直、秦少游等三人相聚，忍不住技痒，"复作此味"。"客皆云：'此羹超然有高韵，非凡俗庖人所能仿佛。……'"于是东坡乃"作此以发一笑"，其自得之状，溢于文字间。

其煮鱼之法，保留在《东坡文集·杂记》内，做法是"以鲜鲫鱼或鲤鱼治斫，冷下水，入盐如常法。以菘菜心芼之，仍入浑葱白数茎，不得搅。半熟，入生姜、萝卜汁及酒各少许，三物相等，调匀乃下。临熟，入橘皮线"。也就是说，把新鲜的鲫鱼或鲤鱼洗净去鳞后，放入盛冷水的锅内，和平常一样加盐，再添入白菜的茎梗和葱白数段下锅一起煮，要彼此分明，不使其杂乱。然后，把少许已拌匀的姜泥、萝卜汁及酒，一起倒入锅中，一直等到鱼快烧熟时，再加点橘皮丝即成。

此鱼的滋味如何？苏轼却卖了个关子，不肯痛快讲出来，只轻描淡写地说："其珍食者自知，不尽谈也。"吊人胃口，莫此为甚。

宋人陈元靓所撰的《事林广记》中有"东坡脯"一则，其虽以鱼肉制成，却像用油煎熟。其制法为："鱼取肉，切作横条。盐、醋腌片时，粗纸渗干（用粗糙的纸吸干水分）。先以香料同豆粉（宋时多用绿豆粉）拌匀，却将鱼（条）用粉为衣，轻手捶开，麻油揸过，熬熟"。今重达数斤或十数斤大鱼的中段，常用此法来制作。此法是否为东坡所发明，实有赖专家查证。

"东坡羹"绝对是苏轼在黄州时除鱼、肉之外的第一选择。他曾撰《菜羹赋》一文，赋云："东坡先生卜居南山之下，服食器用，称家之有无。水陆之味，贫不能致，煮蔓菁、芦菔、苦荠而食之。其法不用酰（醋）酱，而有自然之味，盖易具而可长享。"此羹以蔓菁（芜菁，茎比萝卜大，可用作腌菜）、芦菔（萝卜）为主食材，荠菜为配料，"不用鱼肉五味，有自然之甘"，"盖东坡居士所煮菜羹也"。并有《狄韶州煮蔓菁芦菔羹》一诗，云："我昔在田间，寒庖有珍烹。常支折脚鼎，自煮花蔓菁。中年失此味，想像如隔生。谁知南岳老，解作东坡羹。中有芦菔根，尚含晓露清。勿语贵公子，从渠嗜膻腥。"

至于此羹的做法，东坡不厌其烦，说得具体明白："其法以菘（大白菜），若蔓菁、若芦菔、若荠，皆揉洗数过，去辛苦汁。先以生油少许，涂釜缘及瓷碗，下菜汤中，入生米为糁（碎米羹）及少生姜，以油碗覆之，不得触，触则生油气，至熟不除。其上置甑（一种蒸具），炊饭如常法，既不可遽覆，须生菜气出尽乃覆之。羹每沸涌，遇油辄下，又为碗所压，故终不得上。不尔，羹上薄饭，则气不得达而饭不熟矣。饭熟，羹亦烂可食。若无菜，用瓜、茄，皆切破，不揉洗，入罨（盖），熟赤豆与粳米半为糁，余如煮菜法。"

其大意为：用大白菜，其他如蔓菁、萝卜、荠菜等，全揉洗数遍，去其辛苦汁。先用一点点生油，涂抹锅缘和瓷碗，接着下菜汤，过些时候，放入生米做的糁与少许生姜，以擦过油的瓷碗盖上，但碗口不得与汤接触，以免羹内有生油气。一直到烧熟为止，不去此碗。锅上方置蒸屉，煮饭一如常法，但不可马上盖紧，须等到生菜气味去尽后，才能上盖。羹沸腾会往上溢，过油则不溢，加上碗盖着，必然不溢出。如不这样，羹上的薄饭，因热气无法达到，必不能熟。待饭熟后，羹亦烂而可食。如果没菜，用瓜、茄子皆剖开，不须反复清洗，只消入锅上盖。以煮熟的赤小豆和粳米各一半作羹料，其法和煮菜羹的方法一样。

还有一种名"荠糁"的羹，陆游曾经依式烹制食之，并作诗志此事，序云"食荠糁甚美，盖蜀人所谓'东坡羹'也"，而诗首句即云"荠糁芳甘妙绝伦，啜来恍若在峨岷"。其制作方法，苏轼在致好友徐十二的信中，写得甚为详细，云："今日食荠甚美，念君卧病，凡醋、酒皆不可近，唯有天然之珍，虽不甘于五味，而有味外之美……君今患疮，故宜食荠。其法：取荠一二升许，净择，入淘了米三合，冷水三升，生姜不去皮，捶两指大，同入釜中，浇生油蚬壳，当于羹面上（浇一蚬壳生油在羹面上），不得触，触则生油气不可食，不得入盐醋。"并且指出："君若知此味，则陆海八珍，皆可鄙厌也。天生此物，以为幽人山居之禄，辄以奉传，不可忽也。"

事实上，荠菜与枸杞苗、五加芽，号称"草中之美品"（王世懋《瓜蔬疏》），且李时珍在《本草纲目》亦云"荠菜粥，明目利肝"。徐十二之患既在疮，苏轼颇能对症下药。此乃一道既好吃，又能治病的药膳良方，宜其传诸久远，造福群黎苍生。

"东坡饼"则甚奇，前后共有两种，皆非东坡所制，却假东坡名传世。一为"赤壁东坡饼"，二为"西山东坡饼"。

前者的由来是：东坡居黄州期间，一日，"有何秀才馈送油果，问：何名？何曰：无名。问：为甚酥？何笑曰：即名为甚酥可也"。又一日，潘大临（黄冈樊口人）送酒，东坡饮之甚淡，"笑谓潘曰：此酒错着水也"。一日，油果食尽，酒尚有余，乃戏作诗一首，云："野饮花间百物无，杖头唯挂一葫芦。已倾潘子错着水，更觅君家为甚酥。"

此"为甚酥"原系炸油果，形同馓子，又酥又香，东坡既喜食之，故命名"东坡饼"。而今所制成者，形呈千丝万缕之势，有盘龙环绕之姿，酥脆香甜，其味甚美。凡游黄州赤壁者，未食此饼，诚一憾事。

而后者的由来，则是东坡谪居黄州，经常泛舟南渡，游览西山古刹，与寺僧交往甚密。寺僧以菩萨泉水（此水清澈味甘，含多种矿物质，用此水和面，不需加矾碱，包括苏打在内，制饼自然起酥）和面炸饼相待。东坡食之甚美，喜道："尔后复来，仍以此饼饷吾为幸！"此后，当地便以"东坡"名饼。

清穆宗同治三年（一八六四年），湖广总督官文游西山品茗尝饼，觉饼香甜酥脆，乃叩问寺僧道："此饼何名？"对曰："东坡饼。"官文闻之大喜，即兴撰联一副。联云："门泊战船忆公瑾；吾来茶语忆东坡。"西山之东坡饼，遂成为鄂州市西山灵泉寺僧用来待客的传统佳点，以色泽金黄、香甜酥脆著称于世。

《清暑笔谈》载："东坡偕子由（苏辙字）齐安道中，就市食胡饼（烧饼），粝（本意为粗，这里指酥）甚。东坡连尽数饼。顾子由曰：尚须口耶？"由这里即可看出，苏轼的确好吃，不愧是个"老饕"。

蜜酒是以蜂蜜制成的佳酿，乃东坡在黄州学制的一种甜酒。张邦笺《墨庄漫谈》记有"蜜酒法"："东坡性嗜酒，而饮亦不多。在黄州常以蜜为酿，又作《蜜酒歌》，人罕传其法。"《蜜酒歌》云："真珠为浆玉为醴，六月田夫汗流泄。不如春瓮自生香，蜂为耕耘花作米。一日小沸鱼吐沫，二日眩转清光活。三日开瓮香满城，快泻银瓶不须拨。百钱一斗浓无声，甘露微浊醍醐清。君不见，南园采花蜂似雨，天教酿酒醉先生。先生年来穷到骨，问人乞米何曾得。世间万事真悠悠，蜜蜂大胜监河侯。"其制法载于《东坡志林》中，囿于篇幅，在此不录。

事实上，中国以蜂蜜酿酒，始于西周，盛于北宋。苏轼在黄州苦无佳酿时，好友西蜀道士杨世昌，便传以"绝醇酽"的蜂蜜酒方。苏轼依此法酿制，果得美酒，喜不自胜，作首七绝，以咏其事。诗云："巧夺天工术已新，酿成玉液长精神。迎客莫道无佳物，蜜酒三杯一醉君。"

当下的黄州，仍有用纯糯米十斤、蜂蜜四斤、酒曲三两半所酿制的蜂蜜酒。此酒妙在香甜如蜜、汁浓清醇，既可热饮，又能冷饮。诸君如不想远涉饮此，"江西省萍乡市酿酒厂"于一九八四年投产的"苏轼蜂蜜酒"颇佳，可买来置诸案右，随时品享。此酒仅十一度，酒色如浅琥珀，外观清澈透明；酒香、蜜香融合，闻之清雅宜人；酸甜可口绵爽，回味长而不滞。经常饮用，能收促进新陈代谢、宁神益智之功效。

东坡另在黄州留下芹芽春鸠脍、食雉、二红饭、豆腐、鳊鱼、甜藕、牛肉、元修菜、压茅柴（一种"可亚琼浆，适有佳匠"的美酒，"琼浆"即宋时列入贡品的河南陈州名酒）的饮馔佳话，生活虽较前辛苦，但不乏自得之乐。

他到了晚年贬至惠州、儋州时，日子更是难挨。此时的饮食所透露出的乃苦中作乐，主要有"玉糁羹"、羊骨肉、酒及一些野味。

老实说，以山芋为主料的"玉糁羹"，并不是东坡发明的，而是其子苏过的杰作。因此，苏轼写到此羹时，便说"过子忽出新意，以山芋作糁，色、香、味皆奇绝，天上酥陀，则不知人间决无此味"。并写诗赞之，云："香似龙涎仍酽白，味如牛乳更全清。莫将南海金齑脍，轻比东坡玉糁羹。"愚按：隋、唐时的名肴"金齑玉脍"，尚不足与"玉糁羹"相提并论，其推重可知。

羊肉堪称宋代的国肉。放眼中国历史，宫廷只用羊肉（《后山谈丛》云"御厨不登彘肉"），也是宋代才有的规矩。

在朝廷里，皇上赐宴，以羊肉为大菜，臣下进筵给皇上亦然。羊肉不但成了官场的主菜，也是平民满足口福的珍馐。即令"东坡肉"业已流传，但日后"三苏"（苏洵、苏轼、苏辙父子）之文章盛名满天下，俚语仍称："苏文生，嚼菜根；苏文熟，食羊肉。"可见羊肉等闲不易得到，更不是一般人吃得起的常享之物。

苏轼当然爱吃羊肉，并有"陇馈有熊腊，秦烹唯羊羹"的诗句，以及"烂蒸同州羔，灌以杏酪，食之以匕不以箸"的赞词（今西安充作夏季小吃的水盆羊肉，多在农历六月上市，号称"六月鲜"。另，慈禧太后尝过此肉后，因其味道鲜美，故赐名"美而美"）。然则，东坡在惠州时，由于生活甚苦，每在思念羊肉之际，只好买些羊脊骨，拿来炖汤剔肉，烤后下着酒吃，聊胜于无。其云："惠州市井寥落，然犹日杀一羊。不敢与仕者争，买时嘱屠者买其脊骨耳。骨间亦有微肉，熟煮热漉出，不乘热出，则抱水不干。渍酒中，点薄盐炙微燋食之。终日抉剔，得铢两于綮之间，意甚喜之，如食蟹螯。率数日辄一食，甚觉有补。"其实，"好肉出在骨头边"。此番情景，纵无大啖之快感，却有细品之质感，东坡真乃知味识味之士。

那么他配羊骨肉的酒，是怎么来的呢？据《酒颠》的说法，"东坡在惠州自造酒，号'罗浮春'"。此酒一名"万家春"，曾留下"一杯罗浮春，远饷采薇客""雪花浮动万家春"等诗句。此外，"先生洗盏酌桂醑"，此桂醑亦系自酿，即今闻名的西安稠酒，有"不似酒，胜似酒"之誉。

东坡到了海南岛后，所饮之酒名"真一"。依《胜饮篇》之记载，"苏东坡在海南作'真一酒'，以米、麦、水三者为之"。更因"儋耳至难得肉食"，只好多食野味，他在《闻子由瘦》诗中，便写道："五日一见花猪肉，十日一遇黄鸡粥。土人顿顿食薯芋，荐以熏鼠烧蝙蝠。旧闻蜜唧尝呕吐，稍近虾蟆缘习俗。"此诗中的熏鼠即果子狸、白鼻心、竹鼠之属，此和蝙蝠一样，他尚可以消受。而食虾蟆（指癞蛤蟆，宋人用此和芋头同煮，称"抱芋羹"）和蜜唧（乃刚出胎"通身赤蠕"的鼠仔，用蜜饲养，吃时以筷子夹取，咬下作"唧唧声"，故名）的初体验，实在相当狼狈，但为了果腹兼营养，他毕竟还是吃了。

除黄州、惠州、儋州三地外，他还在杭州留下"东坡三脆"、狗肉等吃法，另在他处有炙鲥鱼、鲖鱼、鲍鱼、棕笋、豆粥、黑鱼、鲝鱼（凤尾鱼）、榧子、荔枝、江瑶柱、薏仁、蒸猪头、炖火腿（见《食宪鸿秘》，应为后人附会）、豆腐及河豚等相关诗词或传闻，令人叹为观止。因篇幅所限，只谈后二者，以其颇引人入胜也。

相传东坡在黄州时，曾烹制一款豆腐菜款待客人，名为"东坡豆腐"。因那时的黄州，用金甲井水制豆腐，故细嫩而韧。以手顶之，形如伞而不坠；切丝做汤，根根完好不碎。此一豆腐菜，因而号称"食单亦复讲烹调，玉手纤纤掺桂椒。翠釜乍翻软欲颤，金刀细剖嫩将消"。但这一说法，应系讹传，不足采信。

　　　　　　　　　　　　　　　　　　　心知肚明

宋人林洪的《山家清供》里倒有两则"东坡豆腐"，内文云："豆腐、葱，油煎，用研榧子（研细的榧子仁）一二十枚和酱料同煮。又方，纯以酒煮。俱有益也。"其可信度较高。

另，"拼死吃河豚"这句流传甚久的谚语，亦与苏轼有关。此典出自宋人孙奕著的《示儿篇》，内容生动有趣。

话说东坡在常州时，嗜食河豚。有一官宦人家，所制河豚尤精，想请苏轼一尝。因"苏学士"之名，通国无人不知，东坡到来之日，阖家大为兴奋，纷藏屏风之后，欲听如何品题。谁知学士大啖，吃个不停，竟无一语赞词，家人无不失望。但见学士停箸，忽又下筷夹取，开口对主人说："真是消得一死！"屏风后面诸人，闻之无不大悦。

今江苏常熟、江阴、靖江一带，仍有红烧河豚一味。家父甚喜食此，常说食罢河豚，全席百味不珍。

才华横溢的苏东坡，在文学与书法上已卓然自成一家，但以"老饕"自况的他，对中国烹饪技术与文化的贡献，在于留下许多宝贵的遗产和具体的影响。他所撰的《老饕赋》，从"庖丁鼓刀，易牙煎熬"起至"先生一笑而起，渺海阔而天高"止，凡二百余字。已故食家熊四智评价称："此赋把中国烹饪与饮食，表现得很精妙。庖人的技艺，似庖丁、易牙那般高超；烹饪的精粹，全在于火中取宝；选料要精细，方能做出可人的佳肴。雪乳般的饮料，沁人心脾；浮雪花的香茗，让人乐陶。宴享之际，轻盈的歌舞，伴随着节奏的起伏，时疾时徐；旋律的线条，时低时高。葡萄美酒令人醉，老饕之乐妙无穷。"可谓知言。

学士老饕精饮馔，降及后世，"老饕"一词已成"知味者"和

"美食家"的代名词，堪称无上尊荣。然而今风不古，居然把老饕列入"好吃鬼"之流，实在辱之太甚。我曾为其定义，于"爱吃、能吃、敢吃"之外，加上"懂吃"。也唯有如此，才符合颜之推所说的"眉毫不如耳毫，耳毫不如项绦，项绦不如老饕"（吴曾《能改斋漫录》云："此言老人虽有寿相，不如善饮食也。"）的应有之义，不致辱没了这位既是饮馔方家也是大文豪的第一流人物。

后记：此文在初撰时，刊登于《历史月刊》，后在《联合文学》之"食家列传"专栏内另写一篇《千载饕客数东坡》，文长近五千字，内容大异其趣，诸君可以一并读之。

心知肚明

守经达变一儒厨

"条条大路通罗马"和"行行出状元"这两句话，都是我们耳熟能详的。它们一西一中，各有不同意义，也有相通之处，如能贯串起来，不但能成其大，而且可就其深。这种境界不同凡响，在当今食界中，似乎遥不可及，又像唾手可得。依我个人浅见，"那人却在，灯火阑珊处"且"独立小桥风满袖"，虽有些可望而不可即，但吾人只要将那些许成长空间一补足，从此便可笑傲食林，进而登峰造极。

陈力荣，原名美聪，在台湾以经营"上海极品轩餐厅"著称。我曾以他的本名和餐厅名撰一副字联，上联为"极眼四望江山美"，下联则是"品味八珍耳目聪"。寥寥十四个字，虽不足以尽其善，或恐已庶几近之。

我初识力荣，当在二十世纪九十年代初。那时候，我所讲授的是面相、谋略和书法，行有余力，则在《行遍天下》《吃在中国》

和《行动大学》等杂志开饮食专栏，撰写餐馆妙味。有一回，在友人推荐下，赴"上海极品轩餐厅"品尝，点了"百合虾仁""烤方""醉鸡"和"干炸鲜笋"几道菜，但觉味道不俗，清新可喜。第二回再约几个同道探访，多点几个菜，包括"清蒸牛腩""麻辣牛肚""脆鳝""封瓜鸡盅"及"萝卜丝饼"等，愈吃愈有意思。第三回前去时，意外吃到了"腌黄瓜蒸小黄鱼"这个宁波老菜，内心的不胜之喜充分流露脸上，吃得啧啧有声。突见一个理着小平头、目光炯炯有神、长得结实、身穿白衫的汉子，站在我的面前，一再打量我，问道："你可是宁波人？"我则笑称："我原籍江苏，但曾在'石家饭店'尝过这个味儿，乍逢故菜，是以惊喜。"他则坐下与我攀谈，谈及这餐厅的大师傅正是前"石家饭店"的主厨张德胜。我二人聊得挺尽兴的。自此，我才知道他就是"极品轩"的老板，他从学徒起家，点心是绝活，怀一身厨艺，乃典型的"真人不露相"。

力荣是大陈岛人，先世讨海为生，祖父称雄海上，祖母出身巨室，一直缠着小脚。自迁来台湾后，起先落脚花莲，后再搬到永和新生地，寄寓大陈新村。他从小不怎么爱念书，脑袋却很灵光，诸般杂耍，无不通晓，是个常让师长头疼的人物。初中快毕业时，看着不是读书的料，在长辈的介绍下，他跑去餐厅当学徒，开始另类人生。

自小爱吃的力荣，到这餐厅还没坐稳，餐厅就关门大吉了。小小年纪的他，居然机缘不错，经友朋的引荐，去当时的名店"三六九餐厅"学做点心。起初的学徒生涯，所有打杂的事，他都得包山包海。举凡洗地、洗碗、洗菜、拣菜、抹桌椅、跑腿等，都得亲力自为。稍不如师傅意，被拳打脚踢尚属其次，还有种种严厉处罚。为了求生存，便要多长些心眼，心思要灵巧，事情要抢着做；为了出人头地，还得眼观四方，学点诀窍，如此才能渐有一己心得。

经过近三年的努力，他终于熟谙江浙点心，尤其是小笼包的做法，也因此赢得"小笼包"的绰号，从此独当一面。接着因缘际会，在"鼎泰丰"继续教做点心，有了丰富的经验。

当时各界要员，多半出自江浙两地。江浙菜也因而有"官菜"之称，菜馆集中在西门町一带。力荣适得其会，不以点心满足，转向菜肴发展，待过"胜利园""大利""松鹤楼"等地，秉承着"转益多师是我师"理念，慢慢融会贯通，摸索出一条新路。我最佩服的是，有次酒酣耳热，细数当年盛事，他思路明晰，将某某餐厅坐落何地、有哪些大厨、其拿手菜为何，连续十几家，全如数家珍，且一气呵成。座中皆名士，闻其言甚喜，请一一录下，仿杨度《都门饮食琐记》故事，记载做成文献，供日后研究者参考。他则一笑置之，表示听听就好，尽此一日之欢，胜过千言万语。

退伍后，力荣只身带着简单行囊，到纽约投奔家人，辗转万里，吃尽苦头。初抵异邦，生活起居不同，风土人情大异。由于人生地不熟，加上语言又不通，自然有些挫折感，他在租来的几平米大的房间内，几番左思右考，想要脱离困境。

这个时期，力荣在餐馆打工，且每天的工时超过十二小时，工作十分辛苦，工资勉可糊口，赚钱养家不易，常感前途茫茫。或许时来运转，朋友找他创业，合伙开家餐厅。他倾尽积蓄，准备奋力一搏。朋友负责外场，他则担任主厨。开始尚称融洽，后因理念不合，他毅然退股而去。创业时间虽短，仅仅八个多月，但有经营经验，无形受益良多。其后亲操刀俎，重回大厨生涯。一日，同事小徐问他，愿东山再起否？原来小徐的哥哥，在长岛有家餐厅想转让，力荣和太太商量后，认为值得一试，东凑西挪，筹足资金，顺利承接。从此之后，格局转大，波澜渐兴。

一九八五年的复活节，"聚丰园"（原为无锡名馆）正式开张。这对年轻夫妇，在满心企盼下，展开全新生活，准备大展宏图。真的该转运了，就在两个月后，奇迹悄悄降临，应在老妇身上。时为午后三刻，当时力荣腹饥，自己拉面来吃，赶巧来一老妪，其形貌皆平凡，并无惊人之处，听口音及看长相，乃是个犹太人。老妇看他拉面，觉得新鲜有趣，要了一碗尝尝。吃罢连连叫好，之后连来三天。且在那个月里，她每周必来两次，都带了不同的人。力荣不以为意，也未探询身份。后遇美国独立日，在《纽约时报》上，"聚丰园"竟上榜了，而且是两颗星的高评价。在往后的岁月中，许多报章杂志，纷纷跟进报道，使其声名大噪，佳评如潮，生意一路攀升。经过这一转折，家道日渐殷富，他也因而跃升为成功的餐馆经营人兼大厨职务。

一九九〇年起，美国经济衰退，生意渐走下坡，眼看五年之内，无法再造荣景。力荣乃与太太商量，与其坐以待毙，不如另谋发展。于是他启程走访，陆续到了日本的熊本、中国的大连、沈阳、北京、上海、无锡等地，沿途考察、思量，总觉得机缘尚未成熟。真是无巧不成书，一九九四年底，太太在台湾的产业需要迅即处理，他乃就近返台办事。离乡十余年，景物依旧在，人事已全非。一日信步走走，在不知不觉中，他来到旧"学"之地，仍是一家餐厅，不禁推门而入。

但见一老先生弓着身，样子十分疲累，力荣仔细一瞧，竟是昔时老板。两人深谈之下，才知餐厅因紧邻总统府，异议人士常聚集抗争，生意大受影响；加上儿女各有发展，无人愿意接棒，老先生很无奈，只得紧守餐厅，过一日算一日。两人各有所谋，当然一拍即合。力荣马上"归而谋诸妇"，遂在太太的支持下，只身在台主持，透过各种市调，勾勒餐厅风貌。于是那以"天上蟠桃会，人间极品轩"为号召的上海餐厅，在该年的教师节当天隆重开幕。与此同时，轰动宝岛的畅销书《一九九五闰八月》卖得火爆，引发一股向外移民热潮。力荣选在此刻逆势操作，引来不少媒体报道，致使餐馆业绩随而蒸蒸日上，凭着精湛厨艺，"极品轩"一跃而成台北知名的餐厅。

以上种种，皆是力荣在台发迹前后的点点滴滴，也是我未曾参与的部分。自我们相识之后，由谈食而说艺，以有余补不足，在彼此激荡下，他从一位能入厨的美食实践家，又因饱读文史和食经，终于崭露头角，成就一代"儒厨"。他总结出了一套美食理论，不仅说得出个所以然，更可引经据典，加上身体力行，功力日益深厚，若再假以时日，仔细雕琢刻镂，不难成为方家，引领一世风骚。

基本上，早时的上海菜可区分为本帮菜和外帮菜。本帮菜是起先为当地菜馆，再从原来口味延伸发展而出的菜系，台北西门町的"隆记菜馆""三友饭店"和"赵大有"等，都有本帮菜的影子，只是后一者，更近于宁波的甬帮菜。鸦片战争之后，上海对外开埠，发展至为快速，中外客商云集。各地饮食业者为了抢食大饼，兼且服务同乡，无不铆足干劲，纷纷到此开设餐馆，造成一片荣景。根据行家考证，抢得先机的为徽帮，其次是甬帮及苏、锡帮。接下来，粤帮在咸丰年间接踵而至，川帮于同治年间相继出现，后至的扬、镇帮则在光绪年间立足上海。到了清末民初，上海的饮食业，竟笼沪、苏、锡、甬、徽、粤、京、川、鲁、豫、闽、扬、潮、镇、清真及素菜等十六个帮菜而有之，此尚不包括欧美等国的西菜和日本菜。其品类之盛，让人目不暇接。上海人为了区别，遂将外来的中国菜，统名之为"外帮菜"。

"上海极品轩餐厅"最先是外帮菜馆，味出多元，混合南北，但以老味道为本，新形式为枝，是以甫一推出，即大受饕客欢迎，用"座上客常满，樽中酒不空"来形容，一点也不夸张。其时，我在《台湾美食通》一书付梓后，企图心正盛，有意将过往所食过的美味，以及一些新开发的餐厅，一一呈现给读者，让他们以味道为正宗，不拘餐馆格局，扬弃装潢与服务这种形而外的末节。于是我走访南北，游历东西，一周不止十顿大餐，时常变化转换，只为客观公正，力求内容完美。其结果不外是，体重直线上升，径向一百千克挺进，血压扶摇直上，令人怵目惊心。虽然"代价"高昂、"灾情"惨重，终于完成《口无遮拦——吃遍台湾美食导览》一书，市场反应不恶。而"上海极品轩餐厅"，当然也名列书中，为那六十家餐馆之一。旧雨新知，齐聚一堂，好不热闹！

那段时间里，力荣令我印象最深者，计有两件事。一是他对书中"食家开讲"那一单元，非常有兴趣。此部分是我选出大陆二〇〇〇年以来对台湾饮食界最有影响力的五十道菜，用五百字左右的短文介绍其由来、兴革、制法及口味等，应有借鉴价值。他读罢兴味盎然，重拾失落的读书热情，为日后的"儒厨"奠定基础和方向。二为他对另外那五十九家餐馆的滋味，也甚为向往，想一尝为快。于是他加入了我的美食会。只因餐厅事务繁忙，他多属插花性质，有时独自参加，有时带大厨张德胜同来。试完这些美味后，他回家再去钻研，取其味近似而相得益彰者，经我品鉴后，认为得其神髓，便在餐厅推出，让顾客求新逐异，吃得更广更深。在兄弟登山各自努力后，他的眼光更远，厨艺更上层楼，掌故更为熟悉，加上天资聪颖，心思手腕皆活，跳脱厨匠范畴，让我一新耳目。我亦因而更了解菜肴中的精细变化，彻底明白"五味三材，九沸九变"的真谛。此外，在身材和血压这两方面，他亦"惠我良多"，让我始终维持在高档而不坠。

就在"极品轩"万丈光芒露海面时，力荣已非池中物，超越那百尺竿头，只想要更上一步。此时，我致力发扬中华饮食文化，除完成《美食家菜单》《醉爱——品味收藏中国美酒的唯一选择》等书外，又在《联合报》《中国时报》《历史月刊》《传记文学》《吾爱吾家》等报章杂志，广开饮食专栏。而为了满足力荣的求知欲，我每篇都会影印给他参考。他在读完之后，也会和我讨论，发表一些感想。而每回吃饭时，他则用心倾听，听我说些古今食家和大厨的风采。因此，对于"錬珍堂""随园""谭家菜""姑姑筵""太史宴"等顶级珍味的所在，他大为向往之，一心要追随先贤，缔造食林传奇。在千呼万唤下，而今台湾最具个人风格，也最令人惊艳的用餐地点——炼珍堂，终于在他努力擘画下，呈现大家眼前，其细腻精致处，让人拍案叫绝。

这个超优且隐秘的厨房，起先是他精进厨艺和邀请亲朋好友的处所。其个人风格强烈，只要兴之所至，任何荤素食材和调佐料，在他的慧心巧手下，都能化成道道珍馐。至于这儿的名字，他独钟唐代宰相段文昌（精于食事，与邠国公韦陟并称，编有《食经》[《邹平公食宪章》]五十卷，盛行一时）相府的厨房，欲与之同名，名之为"鍊珍堂"。我则建议不如将"鍊"字改为"炼"，取真金不怕火之义。他欣然同意，崭新的"炼珍堂饮食文化工作室"正式挂牌营运。

为了让"炼珍堂"的菜色更亮更炫，他周游大陆和港澳，只要有特别的菜色和食材，不惜千里追寻，不畏舟车困顿，总是想方设法，务必寻来一试。他也因而遍尝大陆和港澳的风味，吃得格局更开。他同时也大量阅读，不仅精读我后来陆续成书的《食林游侠传》《笑傲食林》《食林外史》《提味》《食味万千》《食髓知味》《痴酒——顶级中国酒品鉴》《食在凡间》《食家列传》《点食成经》《六畜兴旺》和《味外之味》等一系列著作，同时在我的推荐下，先后读毕唐鲁孙谈吃的作品（计十二册）、高阳的《古今食事》、梁实秋的《雅舍谈吃》、陆文夫的《美食家》、逯耀东的《出门访古早》《肚大能容》、唐振常的《中国饮食文化散论》（一名《饕餮集》《品吃》），以及陈梦因、江献珠合著的《古法粤菜新谱》《传统粤菜精华录》等经典作品，自此眼界全开，由原先的一板一眼、有板有眼，发展到后来的取精用宏、广种精收。"儒厨"之名，绝非浪得。

除了上述之外，"奇庖"（亦称"歪厨"）张北和的烹饪风格，以及经典名菜，亦影响着力荣。张氏擅烧肉类，一向出奇制胜，"老盖仙"夏元瑜食罢，赞叹再三，赠匾一方，题字"全台第一"。

张北和"舞刀弄铲"的本事，直追黄敬临（据说担任过慈禧太后"西膳房"总监，所开之餐馆，乃红遍大陆西南的"姑姑筵"），他能把最平凡的食材，化成道道珍馐，运用之妙，罕有其匹。力荣一度就教于他，习得绝佳烧肉本领。取其适宜大众口味，且可登堂入室的佳味，如"水铺牛肉""葱煎牛肉""熏烤羊蹄""无膻羊肉""五爪金龙""牛小排笋尖"等，或当作主菜，或以外敬菜推出，大得食客欢心。大口喝酒、大块吃肉，不亦快哉！

然而，这些菜式只能在"极品轩"供应，要在"炼珍堂"演绎，非得上得了台面的"大菜"不可。张氏另一绝活，就是将大鲜鲍烧出大干鲍的滋味来，非但完全入味，而且从心到边，层次丰富，软硬适度，口感绝佳。北和曾几度北上，应邀到"炼珍堂"烹制鲍鱼宴，也曾和力荣联手，一起烧个"鲍翅宴"，各显手段，互争短长，借娱嘉宾，传为盛事。

"炼珍堂"前后装潢了三次，每个时期，均有不同风格，菜色日臻化境。我先后在此用餐数十回，其变化万千，不可名状。但可确定的是，一登此堂，"总是销魂处"，而且衣带日紧终不悔，为食消得人愈肥。

力荣酒量甚宏，人又豪情四海，博得"小孟尝"的称号，而"炼珍堂"成了绝佳的舞台。纵使其盛名在外，但想超凡入圣，总缺临门一脚。这时候，性喜文史的我，也介绍了一些这方面的书籍给他阅读，以此增加其深度与广度。此外，我俩皆爱书法，他的哥哥曾师事张隆延，写得一手好字，他则与书法名家施隆民等往来，笔走龙蛇，自得其乐。我因取径甚广，久未悬笔，但通碑帖，能识好歹。我们话题甚多，经常把臂言欢。数年前，他有心转向魏碑发展，听说《张猛龙碑》极好，有意临摹。我乃寻来善本，并找来《张黑女墓志》《杨大眼造像记》等十种，希望他屏气凝神，好好习练，将来舞刀弄铲与舞文弄墨双管齐下，成就一番伟业，谱下食林传奇。

记得十年前某次在"炼珍堂"用餐，杯觥交错，好不热闹。力荣突发奇想，要向古典进军，烧点特别的菜，譬如"《红楼梦》宴"或"大千宴"之类，既能过烧菜的瘾，也能进一步提升自我。我嘉其壮志，遂一块儿翻检资料。也是机缘凑巧，时任《联合文学》杂志副总编辑的周昭翡小姐，曾在扬州、南京等地尝过几次"《红楼梦》宴"，且都留下菜单。她提供了菜单之后，力荣反复参详，不想步人后尘，更要推陈出新，不能落入俗套。此宴推出之前，我先品尝十次，为了提高兴致，他有回还准备了大红全开宣纸，让我用毛笔一一写上菜名，我虽久未临池，也一气呵成，即使不满意，也算交了差。

这两宴的菜点，一半以上不同，唯一较相近的，则是两道点心（鹅油松穰卷酥、螃蟹馅小饺儿）及终结的"疗妒汤"。因他的创意无限，即使菜名相同，做法仍有出入，说成让人惊艳，倒是一点不假。

比方说，"茄鲞"这道美味，乃《红楼梦》一书内唯一有介绍烧法者。北京"来今雨轩"在演绎这道菜时，照食家邓云乡（著有《红楼风俗谭》等书）吃罢的观感，则是黄蜡蜡、油汪汪的一大盘子，上面有白色的丁状物，四周有红红绿绿的彩色花陪衬着，吃起来味道像宫保鸡丁加茄子。日后大陆流行的"红楼梦宴"，其制法皆仿此，格调实不高。台湾亦有所谓烹饪专家仿制此菜，结果不很理想，食家逯耀东以为"其实是一盘烩茄丁"，他尝了一口，"即停箸难以为继"。

力荣所制作的"茄鲞"，其法虽不似戚蓼生序本《红楼梦》所载的"九蒸九晒"，但把握住鲞的干字诀，虽未照本宣科用蘑菇丁、鸡丁、五香豆腐干丁等，而是以甜豆仁、笋丁、香蕈丁、核桃丁、松子等入替，有点像八宝辣酱，但鲜甘清爽过之，且宜粥宜饭宜酒，真个是开胃妙品，吃时会下箸不停。这道菜大受欢迎后，在往日"炼珍堂"的头盘中，偶会端出此馔，食罢其味津津，使人一吃难忘。

"十二金钗缠护宝玉"，不见先前《红楼梦》菜单，而是力荣自个儿想出来的头盘菜，但见火腿片、熏鲑鱼、卤牛肚、卤牛肉、卤花枝、卤花菇、卤猪肚、卤猪肝、卤猪舌、卤豆皮和菠菜等，全部卷成花朵状，以此表现红楼诸艳各有各的味，而被环绕在正中的一堆鸡腰，当然就是如假包换的贾宝玉了。设想新奇，出人意表，吃罢虽煞风景，却有妙味存焉。

用铁丝蒙子生烤鹿肉，是《红楼梦》一书中著名的野味。台湾以鹿肉难得，乃以整方羊肋排为之，不便说是混充，使用宋朝称呼，径称之为"夺真"。烤罢窝切成块，上撒蒜末与迷迭香，真的很有吃头，宋仁宗半夜想吃的烧羊肉，顶多就是这样。这道菜我吃过多回，每次都喝彩不迭。

太君进补而吃的"牛奶蒸羊羔"，因为这没见天日的东西，实在不易罗致，力荣变个法儿，仍用整方羊肉，为了增加补效，更在羊肉中夹着数根新鲜人参，再以牛乳蒸至酥烂。此菜羊肉腴嫩而透，微闻人参清香，太君若能食此，亦应惊为奇味，而且伺候在旁的宝玉和众姐妹们，亦可一尝为快。

刘姥姥入大观园夹鸽蛋的那一段，确是生花妙笔。这种小巧鸽蛋，自古即是富贵人家的席上珍品，也是扬州菜中的要角。力荣为了突出其不凡，特地制作"三巢鸽蛋"，以扬州菜的"三鲜鸽蛋""虎皮鸽蛋"及"明月鸽蛋"为经，自出机杼为纬，来个三合一，十分有意思。"三鲜鸽蛋"主要以虾仁、肉片、海参与鸽蛋一起烩成；"虎皮鸽蛋"则是鸽蛋先用鸡汤煨后再炸，使表面呈虎皮状，然后置于豆腐皮上；"明月鸽蛋"则是用鸡高汤煨过的鸽蛋，以白木耳衬托，有拨云见日的效果。而这三种鸽蛋看，分别盛放在马铃薯丝炸成的鸽巢中，三者并列，互为烘托，味各有别，鲜嫩则一，既有富贵气象，且有无上口感，吻合雪芹真意。

"老蚌怀珠"这味，不见于《红楼梦》，然而却是曹雪芹善烹的一道好菜。本尊用的是鳜鱼，鱼身剞纹，连而不断，像极蚌壳，佐以笋块，鱼腹内藏着"大如桐子""莹润光洁"，状若明珠的食材，经炙熟而成，临吃之际，浇淋以黄酒，更觉鲜味浓溢。力荣另有想法，鱼用鲜艳的尼罗河红鱼，不去头尾，以瓠瓜丝系牢，腹内塞满用蛋清和鱼肉打成的鱼丸。享用之时，取剪刀剪断瓠瓜丝，鱼腹随即开启，鱼丸历历可数，活脱是个怀珠老蚌。而在制作时，纯粹用清蒸，是以鱼肉和鱼丸，皆鲜嫩适口，万千食味，凝聚其中。径用这道菜入《红楼梦》菜单中，有人会认为离题，但仍符合一贯精神，力荣此举，确属高招。

把"疗妒汤"当成终结甜汤，真的很有巧思。此创意来自书中的王道士，他表述疗妒之方为："用极好的秋梨一个，二钱冰糖，一钱陈皮，水三碗（同煮），梨熟为度。每日清早吃这么一个梨，吃来吃去就好了。"而且"这三味药都是润肺开胃不伤人的，甜丝丝的，又止咳嗽又好吃。吃过一百岁，人横竖是要死的，死了还妒什么"。妙语解颐之外，兼有哲理禅趣。然而，迄今所有的《红楼梦》菜单，皆未纳入此汤，其间道行高下，尽在不言中了。

力荣所使用的梨，是半个削皮去瓤的梨山蜜梨，陈皮改用橙皮，取其色鲜味清，加上甜不腻人，滋味果然甚佳，引人无限遐思。我每啜此甜汤，总觉一股暖流上心头。

而今在"炼珍堂"预订"《红楼梦》宴"，已是许多饕客的首选。力荣或许会想，不恨古人吾不见，只恨古人不见吾菜之妙处耳。但可确信者为，这只是一个起步，一旦完全启动，其势将如长江黄河，奔流到海不复回。

紧接着，力荣要叩关的是"大千宴"。张大千为四川人，书画双绝，画艺尤为世人称道。不过，张氏酷爱美食，本身亦爱烹调，自言"以艺术而论，我善于烹饪，更在画艺之上"。事实上，他对食材的选择和菜肴的做法，均极讲究，不光指挥大厨如何如何，还会下厨亲操刀俎。即使年逾古稀，照样乐此不疲。因而有人打趣说："若说绘画是张大千的经，那么美食则是张大千的纬了。"

张府的菜单，皆大千手书，于笔力雄浑外，尚可一窥其佳肴与饮食好尚。因此，他的菜单就成了食家和收藏家搜罗的对象。我们一共拥有五张菜单（皆为复印件）。力荣想恢复的不是原貌，毕竟往者已成烟，但是来者尚可追，只要师其意，就可承其绪，进而赋予新生命。

力荣所制作的"大千宴"，我何其有幸，共品了八次，每次都在那五张菜单的范畴内，由他自行排列调整，从中撷英取华，每回都有惊喜。最近的这一次，总计有"六一丝""绍酒烤笋""椒麻腰片""炒明虾球""大千子鸡""姜汁豚蹄""七味肉丁""素烩（素黄雀）""糯米鸭""葱烧大乌参"等十道菜和豆泥蒸饺、煮元宵二点心，食者无不满意，叹为"十二惊奇"。我有幸与此宴，吃得甚为满意，心想人生至此，夫复何求？

"六一丝"可拌可炒可煮汤，乃张大千六十一岁赴东京举办画展时，由前家厨陈健民挖空心思所创制的经典名菜。此菜由六素一荤组成，最早的六种菜蔬，分别是掐菜（绿豆芽摘头去尾）、玉兰片、金针、韭黄、香菜梗及芹菜嫩茎，一荤则是金华火腿。食材不论荤素，一律切成细丝，在烧成之后，色泽五彩缤纷，清爽适口不腻。张氏食罢，拍手叫好。其后又自行加以变化，食材维持"六一"，种类不拘一格。力荣烹制此菜，常有自家创意，本其原始精神，每次都有变更，居然都很可口。

浙江的天目山笋，举世知名。大千独具慧眼，认为台湾上好的绿竹笋，非但不在其下，恐怕犹有过之。力荣烹调"绍酒烤笋"时，用冰糖、酱油膏、绍兴酒调制酱汁，经长时间炖卤，俟其完全入味，才算大功告成。而它在摆盘时，以大蓝瓷盘装盛，只只烤笋竖立，状似桂林或阳朔群峰，令人叹为观止。这质脆汁进的美味，已达"有味者使之出，无味者使之入"的最高境界，保证一食难忘。

许多商界巨子，都是力荣"大千宴"的拥护者。"广达"林百里即是其中之一，他不但经常品享，而且赞誉有加。

除了"《红楼梦》宴"和"大千宴"这些正式的筵席外，力荣也会玩些花样，或令人会心一笑，或让人欣然赴约。比方说，他有次烧"猪八戒踢皮球",即用整只猪前脚卤透后,连指爪整个装盘,蹄爪前置一卤蛋,状似起脚射门,其朴拙样,见之莞尔。有次他还搞了个"三掌宴",主角是鳄鱼掌、水牛蹄(古人常以此冒充熊掌)和鹅掌。掌皆原貌呈现,卤汁各有不同,腴滑软嫩则一,有幸赴此宴者,皆爱不释口,也赞不绝口,其扣人心弦处,竟能一至于斯。

此外,新完成的"鲞宴",亦能别出心裁,道道扣人心弦。

总而言之,力荣通过各种途径,不断扩充领域,不停尝试新招,灵活运用,像一个食品的魔法师,能用普通的食材,变化出瑰丽的菜席;并在传统的基础上,进行一系列的创新,从而以自己的手艺,征服了高水平食客。厨行当然也有状元。他在吸收各种流派的长处后,虽使中餐品种多元,但它仍是道地的中餐,即使看上去像西餐或日本料理,但吃起来仍是中式的口味。这种经纶妙手,不也正是"穷则变,变则通,通则久"的最佳写照!

以撰写《美食家》而闻名遐迩的陆文夫,曾指出高水平的厨艺家,必须"能使食客们在口福上常有一种新的体验,有一种从未吃过但又似曾相识的感觉。从未吃过就是创新,似曾相识就是不离开传统"。这种守经达变的精神,力荣诠释起来,可谓淋漓尽致。他只要再本此奋进,相信臻那化境,即可在指顾之间了。

二十几年来,这一个"儒厨"在舞刀弄铲中找到人生真谛,迈向事业顶峰。我居在永和,和他相去不远,可以时常论艺,一再互补有无,彼此受益无穷。此一情节,对我而言,乃"而今识尽'食'滋味,欲说还休,欲说还休,却道'咫尺'好个'厨'"。

北方神厨阚兴沪

　　二十世纪五十年代末至八十年代初，乃台湾北方菜馆的黄金时期，当时的"会宾楼""悦宾楼""都一处""天厨""松竹楼""山西馆""同庆楼""致美楼""真北平""南北合""台电励进"等，无一不扬名食界。至于小吃方面，如"点心世界""东来顺""西来顺""信远斋"及后起之秀的"京兆尹"等，口碑、手艺两胜，吸引不少饕客。其菜肴像烤鸭三吃、葱爆羊肉、京酱肉丝、鸡丝拉皮、熏鸡、酱爆鸡丁、软炸里脊、炸烹明虾段、锅塌豆腐、合菜戴帽、炒木樨肉、涮羊肉、酸菜白肉锅、酸辣汤等红案，全是大家耳熟能详的菜式；而水饺、蒸饺、锅贴、葱油饼、家常面、刀削面等白案，均成生活中不可或缺的面点，随时都可尝到。通常红、白案的师傅各司其职、壁垒分明，只有小型的风味餐馆才有可能一个人包下全部的红、白案，可是其成品多半驳杂不纯，可吃的佳品有限。我近三十年来所吃过的这类北方风味小馆中，也只有前些年位于台中市精明路与文心南二路上的"老阚厨房"，其老板阚兴沪的手艺，堪称红、白两案均优，尊之为台湾新一代的"北方神厨"，应可当之无愧。

阚兴沪为山东省日照市人，其母为四川人。山东菜简称鲁菜，四川菜简称川菜，二者与简称苏菜的江苏菜、简称粤菜的广东菜，合称为中国四大菜系。老阚得天独厚，居然四分天下而有其半。不过，他所习得的菜色、面点，仍以出自山东者为多，故在其所开设的餐厅"老阚厨房"内所售者，除麻辣鲜香、软糯酥爽可口的麻辣牛筋和腴嫩鲜润、麻辣适口的水煮鱼涮锅属川味外，其余全是地道的鲁味，食罢不禁兴思古之幽情。

阚兴沪在开这家"老阚厨房"前，也曾于食林中打滚了好些时日，闯下响亮名号。其中，最为人们所津津乐道者，乃经营"七巧饭馆"的那段时光。当时它的盛况，用车水马龙、户限为穿来形容，一点也不为过。然而，老阚这号人物，舞刀弄铲、和面制卤的本事虽然一流，但早年实际经营运作的功夫，终嫌不够完备，是以屡起屡仆，备尝冷暖艰辛。幸而经过这些折腾，他才能"百炼钢化成绕指柔"，练就一个金刚不坏之身。

我最欣赏老阚的一句话为："桌上一声好，桌下十年功"。他的精湛厨艺，能达今日地步，可是下了好几个十年的苦功，有以致之。而他那重逾一百公斤的魁梧身材和细长带眯状的双眼，望之不甚协调，却相辅而相成。盖壮实的身躯，乃运用和面、揉面、搓条等技法使面能透而带劲的基本条件，加上眼细而长者，其心思必细腻，可专注而有恒。这两种有利因素的结合，即为其面点质量的保证。难怪很多食客一试即成主顾，恐怕今生今世，再也难舍难分。

"面吃七分饭八分"，是老阚另一句常挂在嘴边的口头禅。道理其实很简单，因为这两样主食，煮到熟透之后，将面死而饭硬，食来不是味儿。老阚所制作的各式饼（包括特味葱油饼、北方抓饼、红豆沙饼），全用烫面为之，火候拿捏得宜，以致外层酥、中层松、里层嫩，一口咬下细品，三重层次分明，如非厨艺超迈凡常，岂能达此境界？其一窝丝饼亦佳，以筷夹起，略抖即松，丝丝掉落，缠绵不尽，入口酥糯绵软，令人一食难忘。

记得有回我讲笑话，前后十来个，一个紧接一个，势如排山倒海，老阚笑得前俯后仰，当场卷袖下厨，破例现炙一张他认为最好吃的素面饼上桌。此饼未施盐、葱，其状貌正如清代大文豪蒲松龄（其代表作为《聊斋志异》）在《煎饼赋》一文所描述的："圆如望月，大如铜钲，薄似剡溪之纸，淡似黄鹤之翎"。我一见即倾心不已，擎块入口细品，其味不仅层次分明，而且阵阵饼香逸出，好到出人意表。尝罢原味的，接着将蘸了甜面酱的切段青葱，用此饼卷之再食，另有一番滋味在心头。由于风味绝佳，整张饼顺势落肚，这时心中的感觉，怎一个爽字了得！

另，店中的锅贴、蒸饺、水饺等带馅的面食，亦有可观之处，值得细辨佳味。

卤菜亦是老阚的绝活之一，其卤味主要用大料（葱、姜、蒜等），里头不放酱油，色呈明黄，原汁原味，腴软带劲，不与俗同，功夫了得。其料繁而味丰，肥肠、猪腱、牛腱、牛筋、牛肚、猪头肉、鸭翅、鸭胗、海带、花生等，非但得其本味，嚼之各有千秋，加上阵阵馨香，下筷不能自休。

老阚常挂在口中的"中国汉堡"，其实是芝麻酱烧饼夹肉，内容计有牛肉、猪肉两种。全亲自动手，肉卤得入味，饼软中带爽，虽出自中央厨房，却远非凡品可及。当初他老兄有此一构想时，很多人都泼他冷水，认为是海市蜃楼，不过南柯一梦罢了。但他既像填海精卫，又像堂吉诃德，克服万难，一往无前，终获成功。由此亦可看出其眼光之独到与意志之坚了。

至于大菜方面，老阚也不含糊。除三大鸡肴（"日照烧鸡"细嫩，"禹城扒鸡"酥腴，"椒麻鸡"香透）皆各具特色，脍炙人口外，其汤浓带鲜、料丰质精的"鱼头火锅"，皮酥肉烂、汤清质醇的"五更羊肉炉"，色呈枣红、皮爽肉嫩、滋味醇厚的"冰糖蹄髈"，以及色白带劲、口感一流的"水晶肘子"等，全都硕大无朋，无不耐人寻味。这些大菜不仅显示出北菜的豪迈，同时也流露着南菜的细腻，正和老阚的外貌若合符节。其能引人入胜，确有脉络可循，岂偶然哉？

"北方神厨"的能耐，非本文所能尽述。而后老阚更推出拿手的"酱牛肉""麻婆豆腐""豆腐卷"等美味，吸引不少知味识味的饕客。在那个时候，想尝遍店内肴点，即使肚大能容，也得分次才行。

后记：即使是"神厨"，也要有眼光，尤其是在经营方面。"老阚厨房"曾风起云涌，鹰扬台中外，也到台北开分店，一时沸沸扬扬。可惜拓展太快，终以结束收场，令我感慨万千。其实，万变不离其宗，只有站稳脚步，然后徐图发展，才是长久之道。

目前的阚兴沪，一方面因年事已高，另方面则因欲传承其家学，开设了"鲁记山东卤味",贩售各式卤味。其卤味专用飞盐,即炒过的细白盐,其色灰白,以此卤物,皆呈原色,望之亮丽,加上火候十足,特别惹人馋涎。用此下饭佐酒,真是无上妙品。

广告教父懂吃喝

　　每次和广告界的教父孙大伟一起吃饭、喝酒，真惬意极了。他观念新、反应快、点子多、口才棒，每每使人留下深刻的印象。最难能可贵的则是，他从不矫揉造作，洋溢赤子之心，让我油然而生"与周公瑾交，如饮醇醪（美酒），不觉自醉"之感。

　　有一回，同在"上海极品轩餐厅"享受完可口的佳肴后，孙大伟力邀大伙儿去他的办公室小坐闲聊。老早就听说他的办公室很有特色，有此良机，岂能错过？于是我便与薛琦和吴忠吉夫妇一块儿前往。

　　到了公司门口，孙大伟笑着说："假如和信集团算是'国防部'的话，那我这里不就成了东引、乌丘等化外之地了。"

　　参观了暗藏玄机的简报室后，一行人即前往大伟的办公室。这二三十平米的房间里摆满了东西，琳琅满目。房间外则是六七十平米的庭园，枝叶扶疏，可仰望星空。几乎所有的花草，都是他移植来的，在细心照料下，无不枝肥叶厚，显得绿意盎然。

办公室的装饰品，无一不是他从世界各地想尽办法带回来的，件件有来历，十分有意思。我指着墙角的吉他对他说："现在还有在弹唱吗？"他笑着回答："这是当年追老婆用的，以前不这样，怎把得到女孩子？自从结婚后，就用不着啦！"

虽然吃饭时同桌人已喝了一瓶双沟大曲和两瓶红酒，但一听有好酒，大家的兴致便来了。大伟先取来一瓶好年份的法国勃艮第夜之丘红酒。这酒颜色深，单宁强，香味丰富，而且醇厚带劲，喝在口里，果然不凡。据说，此酒是拿破仑的最爱，天天品尝，少此不乐。

与此同时，大伟命人将日本制的鲑鱼干略炙，其香酥而脆，颇宜下酒。薛琦和吴忠吉爱喝啤酒，大伟乃取来几罐荷兰制的Heineken，供我们几个当饮料来饮。

夜已深，正待起身告辞，大伟说不忙，他有解酒妙法。只见他从冰箱里拿出一瓶波兰制的野牛草（Bison Grass）伏特加（此酒色呈草黄，因瓶里有一支野牛草而得名）夸张地说，这酒在冰过后，倒入小茶杯中，一口喝个精光，即可挥别醉意。我们依言而行，但觉酒香馥郁，令人回肠荡气，乃连尽三大杯，既舒服又痛快。

由交谈中得知，大伟读书取径甚广。从余秋雨的《文化苦旅》《山居笔记》到日本漫画《将太的寿司》等无所不读。我想他那源源不断的灵感，应有不少是来自书中的启迪吧！

我本常与大伟聚餐，自从他心脏装了支架，便很少再一起吃喝，但情谊尚存。他极少为人写序，却破例为拙作赐序，一本是《看风水》，另一本是《醉爱》。而今哲人其萎，思起前尘往事，不无感慨万千。

　　　　　　　　　　　　　　　　　　心知肚明

奇庖欣会老顽童

奇庖张北和在自成一家前，人或称其为"怪厨"或"歪厨"，对于他以怪取胜、用奇眩人的风格，褒贬不一，毁誉并见。而今，他在历经人生的几番大转折后，敛去锋芒，追求朴实无华、浑然无涯的饮食艺术，把"捉刀弄铲"之事，提升至极高境界，风味直追自命"锅边镇守使"的已故川菜大师黄敬临。

刘其伟投身艺术行列亦属偶然。他起先是学电机工程的，因"越战"的特殊际遇而走入绘画领域。且他对人类学的研究与在天地间的探险都是一等一的。时过境迁后，这位"狩猎人"正从事保育工作，对大自然生态环境的维护不遗余力。其画艺已独树一帜，充满着"老顽童"特有的活泼笔调。

半路出家而能另辟蹊径，攀到了艺术的最高殿堂，这可比正途出身而登峰造极，还要难上加难。他们这种傲人的成绩，更让人打从心里佩服。

我有幸促成两位大师的相逢，唯他们初相见时，我却碰上塞车，在中山高速公路上动弹不得。

刘老一看到张北和，就对他的相貌十分感兴趣，随即画了一张素描，当作见面礼。而张北和的回馈，则是好菜纷呈，令人目不暇接，看得目瞪口呆。

大家从"天上飞的"吃起，紧接着是"盐水羊头"和"水铺牛肉"，然后是"炒鲍鱼杂"与"葱煎鹅肝"。而在尝香喷喷、软嫩酥糯的鹅肝时，刘老拿出他随身携带的法宝——瑞士万能刀，将其切成好几小块，送口细细品尝。他另要了碗白饭，以稠汁拌饭吃。吃得津津有味，露出愉悦而又满足的笑容。在吃完这道菜之后，他表示饱了，不再动筷子。

我们这群饕客，才管不了那么多，将此后所上的"干贝鸡冠""清蒸逗鱼"及"恋恋风尘"等佳肴，全都一扫而光，虽都撑得万分难过，却个个笑逐颜开。

刘老当时已八十九岁，但仍身手矫健，神采奕奕。我由这顿饭中，得到一个重要启示，那就是养生之道，首在食不过饱，适可而止。毕竟，能忍住张北和的顶尖手艺而不继续"探险"，那定力才真的不简单哩！

在此之前，我曾和刘老吃过好几次饭。在我的观察下，他都吃得安详，脸上时露欢颜。不过，有一次在"极品轩"，那锅葱烧河鳗，极得他的喜爱，但见他一口接着一口，显然竭力以赴，吃罢连说好吃。这特殊情景，实属难得一见。

辑五

两岸馔文化

小笼汤包炙手热

台湾的小笼汤包源自上海，火红数十年，未曾褪流行，且更上层楼。之所以会如此，实与日本人哈"鼎泰丰"有关。

早年上海的"沈大成""北万馨""五芳斋"早点所供应的汤包，包子虽小到一口可以一个，但是每个都包得俏式，在小蒸笼里垫着松针，有卖相。据散文大家梁实秋的回忆，它"名为汤包，实际上包子里面并没有多少汤汁，倒是外附一碗清汤，表面上浮着七条八条的蛋皮丝，有人把包子丢在汤里再吃，成为名副其实的汤包了。这种小汤包馅子固然不恶，妙处却在包子皮，半发半不发，薄厚适度，制作上颇有技巧"。他并指出，"台北也有人仿制上海式的汤包，得其仿佛，已经很难得了"。至于台北指的是哪一家，不消我细说，大家也猜得到。人潮汹涌，食客如织，这情景，正应了"内行人观门道，外行人瞧热闹"这句老话。

在这里须先声明的是，江南人管包子叫馒头或馒首。因此，诸君看到下面介绍的上海南翔小笼馒头及绍兴的"候口"馒首时，千万别大惊小怪。

话说在南宋时，首都临安（今杭州）的饮食市场上已有"包子酒店"（见吴自牧《梦粱录·酒肆》），专卖灌浆馒头、虾肉包子等，说明此时已有"灌汤（浆）包子"了。清乾、嘉之后，天下有名的汤包有三：一是扬州的灌汤肉包；二是南方的小笼汤包；三是天津的狗不理包子。其能符合小笼汤包这个条件的，分别是明清至民国前后，即已天下闻名的南翔小笼馒头、镇江蟹黄汤包、绍兴"候口"馒首、武汉"四季美"汤包、开封"第一楼"小笼包子及北京"玉华台"汤包。

南翔小笼馒头，原是上海嘉定县（今嘉定区）南翔镇的传统名点，二十世纪初，镇上人氏关某，在上海城隍庙九曲桥畔，开设点心铺，取名"长兴楼"，专门供应"翔式"馒头，生意兴隆，该馒头逐渐成为城隍庙的特色点心之一。各面铺竞相仿制，小笼馒头遍及全市。它以清水和面，皮子是用不发酵的精白粉制作的；肉酱用夹心腿肉，馅心除肉酱外，还加肉皮冻。以手捏褶之，条纹清晰，皮薄馅多，卤足味鲜，体型小巧。但见只只似宝塔，呈现半透明状，上口一汪汤汁，其味无穷。每逢秋季，馅心中另加蟹粉、蟹黄、蟹膏等，味道特别鲜美。

"候口"馒首，至今已有百余年，在江苏、浙江、上海一带颇有号召力，其创始人为王阿德。太平天国运动时期，王阿德举家避难绍兴，落脚于当时望江楼关帝庙的路亭内，专做"候口"馒首，借以维持生计。战事平息之后，路亭成为一个水陆交通要道，各方商贾云集。望江楼的"候口"馒首因出货快、味道好、携带便，加上既可充饥品尝，又可用盒子篮或小篾篓盛装，自用、送礼皆宜，大受商贾欢迎，声誉因而日隆，成为名店名点。其特色为收口处留小孔，略露肉馅，一笼十个，随桌附醋一碟、猪油葱花蛋皮汤一小碗。如当成礼品，在秋冬季节，隔天用沸水重蒸，味样不变。且其每只收口处如鲤鱼口，蒸熟后，口内盛满鲜汁，腴爽不腻。

蟹黄汤包是镇江的传统名点，俗称"蟹包"，成名至今已超过两百年。它是以猪肉糜、螃蟹油（黄）和鲜皮冻为馅，精面粉为皮加工制成，选料精细，制作考究，质优形佳。其体积小、外形美，放在笼里像座钟，夹在筷上像灯笼，皮薄汤多，馅足味鲜。"宴春酒楼"所制尤佳，名扬大江南北。

又称"小汤包""武汉汤包"的"四季美"汤包，约始于明代，其前身是江苏厨师来汉口经营的扬州小笼包（原名"灌汤肉包"）。后因馅心太甜，不合当地人的口味，才逐步加以改进。民国初年，湖北厨师田玉山用皮冻调馅的方法，制成以咸鲜为主、略带甜味的小笼包后，"四季美汤包馆"正式开业。其原意为四季都有美味供应，如春炸春卷、夏卖冷饮、秋炒毛蟹、冬打酥饼等，只有汤包才四季均有，且最受人们欢迎。后来号称"汤包大王"的钟生楚，在传统的鲜肉汤包、虾仁汤包、鸡茸汤包的基础上，又创制出香菇、花菜馅汤包，蟹黄汤包，什锦汤包等十几个新品种，使得这一美食更加脍炙人口，博得"不进四季美，枉来三镇游"的赞词。

"四季美"的汤包，采用发酵面团，包裹各馅与皮冻，包捏成鲫鱼嘴状，褶纹十八道，用十个下垫松毛（针）的小笼，每笼放汤包十四个，置于旺火沸水中，一气蒸熟制成。汤包色白、皮薄、馅嫩、汤鲜，以无油腻感著称。

"第一楼"小笼包子乃河南开封知名小吃，原名"灌汤包子"，俗称"汤包"。起先是以大笼蒸制，二十世纪三十年代时，由"第一楼"店主黄继善改用小笼蒸制，每笼十五个，就笼上桌，故名"小笼包子"。其特点是皮薄馅大、满汤满油，提起似灯笼，放下像朵白菊花，味醇而醇，别具风味。

北平"玉华台"的淮扬风味点心，久负盛名。名点如小笼三样（内有糯米烧卖、油菜泥烧卖、猪肉饺子）、春卷、萝丝馒头、蟹壳黄及汤包等。其中的汤包，据梁实秋的回忆，乃"故都的独门绝活"，"真正的含着一汪子汤。一笼屉里放七八个包子，连笼屉上桌，包子底下垫着一块蒸笼布，包子扁扁的塌在蒸笼布上"。其实，"玉华台"的汤包，妙在用鸡汤拌鸡肉丁和小块肘子肉，加上精心调制的佐料，于冷冻凝固后，切成小块做馅。其一直以皮薄、馅多、汤美及鲜香异常名世，享用过的各界名流，真不知凡几！

取食小笼包是有诀窍的，这点梁实秋描述得很传神"……要眼明手快，抓住包子的皱褶处猛然提起，包子皮骤然下坠，像是被婴儿吮瘪了的乳房一样，趁包子没有破裂赶快放进自己的碟中，轻轻咬破包子皮，把其中的汤汁吸饮下肚，然后再吃包子的空皮。没有经验的人，看着笼里的包子，又怕烫手，又怕弄破包子皮，犹犹豫豫，结果大概是皮破汤流，一塌糊涂。"而在享用时，食家常伴香醋（最好是用镇江黑醋，香而不顶酸）、姜丝一块儿吃，以去腥增鲜。同时，切勿性急一口咬下去，否则，汤汁一喷出，不是烫伤舌尖，就是溅满衣襟。

散文名家余秋雨的老师唐振常，对饮馔研究极精。他曾表示："小笼汤包，今天上海还是遍处都有，许多大饭店亦兼售，然求其皮薄汁多，入口一包热汤，难了。多是咬之而皮不破，入口有肉而无汤，肉亦嚼不烂。"并反问说："汤汁由肉皮而来，难道肉皮不易得吗？"足见十里洋场的小笼包早就沉沦了。现能继承并直追原先上海本尊风味的台湾分店，屈指算来，只有"鼎泰丰"和"上海极品轩餐厅"了。

这两家分店皆与早年的"上海三六九点心"有渊源，其小笼包同以小巧玲珑、汤汁盈盈、吹弹可破、美味异常见重食林。只是前者的汤汁来自肉皮，腴而不腻，滋味醇重；后者的汤汁则出于鸡冻，清鲜而隽，滋味馨永。至于何者为优，有赖自家判断。

我路过"鼎泰丰"时，常见其候客甚多，人满为患。每见此情景，不禁想起清人林兰痴的《灌汤肉包》诗。诗云："到口难吞味易尝，团团一个最包藏。外强不必中干瘪，执热须防手探汤。"实已将小笼汤包内藏热汤、"到口难吞"且易烫手的特点，写得跃然纸上。只不知排队苦候的众食客们，果识其中味否？

后记：而今的"鼎泰丰"，迭获媒体青睐，早就鹰扬国际，而且分店林立，甚至立足上海，允为食界奇迹。

天津包子后劲强

　　犹记十多年前，天津包子的连锁店在大台北地区次第开张，也曾南进到台中及高屏一带，堪称"炙手可热"。然而，不出两三年，这些连锁店却相继凋零，变成烫手山芋。究其实，并非广告不够、招牌不响，而是手艺不纯、功夫不到。可是它仍有永续经营的空间。天津包子本小利薄，可充正餐，只要改善"体"质，口味真正地道，保证待春风起，遍地开满花朵。

　　传闻天津市有三绝，第一绝是"狗不理包子"，第二绝是"十八街麻花"，第三绝是"耳朵眼炸糕"。虽说此封号的争议性极大，但"狗不理包子"在天津扬名立万，则是众口一词，没的说的。在天津卖包子的店铺，岂止百千家？能在其中脱颖而出者，绝对不同凡响。

　　其实，早年天津包子，确实远近驰名，据散文大家梁实秋的回忆："狗不理的字号十分响亮"，但"不一定要到狗不理去，搭平津火车一到天津西站就有一群贩卖包子的高举笼屉到车窗前，伸胳膊就可以买几个包子。包子是扁扁的，里面确有比一般为多的汤汁，汤汁中有几块碎肉、葱花。有人到铺子里吃包子，才出笼的，包子里的汤汁曾有烫了脊背的故事，因为包子咬破，汤汁外溢，流到手掌上，一举手乃顺着胳膊流到脊背。不知道是否真有其事，不过天津包子确是汤汁多，吃的时候要小心"。他老人家又举了一个在平津地区流传已久的笑话，听后令人发噱。"两个不相识的人，据一张桌子吃包子，其中一位一口咬下去，包子里的一股汤汁直飙过去，把对面客人喷了个满脸花。肇事的这一位并未觉察，低头猛吃。对面那一位很沉得住气，不动声色。堂倌在一旁看不下去，赶快拧了一个热手巾送了过去，客徐曰：'不忙，他还有两个包子没吃完哩。'"台湾早些年那些卖天津包子的，之所以搞到难以为继，除了皮子尚不够水平外，里头没含着那一汪子汤，才是败阵主因。

现在还是谈谈已名扬五湖四海的"狗不理包子"吧！

故老相传，在清光绪年间，武清县杨村镇里，有个乳名"狗子"的少年高贵友，自小性子倔强。他年方一十四岁即至天津侯家店"刘库蒸食铺"当学徒，三年尽得其传，且铸一己新意。当他满师之后，即在南运河三岔口开设包子摊。因其苦心琢磨，不断精研实践，创出和水馅、半发面等法，使包子具"长相好、有咬劲、满嘴香"的特色，顾客蜂拥而至，遂使其乳名与包子的美名不胫而走，铺面字号"德聚号"反而不为人知。但有人则说，他不苟言语，买卖时，只要顾客付钱，便可自取包子，其他概不理睬，于是熟客笑他"狗子卖包子——一概不理"，"狗不理"便这么叫开了，后嫌"狗"字不雅，乃易"狗"为"苟"。

已故美食家唐鲁孙的讲法，则和上述的说法不尽相同，且有不小差异。他指出，"最早的狗不理门面小，顾客多，不管有多少人来吃，永远都是新出炉的。狗不理的包子，讲究的是油大卤多，加上又是刚出炉的，自然又热又烫。我们都知道狗是无所不吃的，可是就怕吃烫的东西；有人说：凡是狗，只要吃过烫的食物，一听到响器，就脑浆子疼。究竟是真是假，那就要请教脑科专家了"。他又说"在街上乱跑的野狗，凡是吃过热马粪的狗，一听到打糖锣的一敲糖锣，卖豌豆糕的一打铜璇子，狗就没死赖活地又叫又咬，那是一点也不假"。所以，他的结论是："狗不理卖的都是新出屉的包子，油大卤水多，热而且烫，掷在街上，狗都不理，无非是给包子做宣传的形容词而已。后来数典忘祖，才改成'苟不理'了"。

唐先生又谓他当年去狗不理包子铺的特异吃法："……一进去，坐下吃包子是不受柜上欢迎的。铺子门口有一个巨型签筒，筒底蒙上一层厚牛皮，一进门抽牌九，抽大点，抽真假五，都可以赢了少给钱多吃，赌输了多给钱少吃。"遥想当年，这可算是天津在吃的方面一大特色，而今也已烟消云散了。

"狗不理包子"最露脸的时光，应是袁世凯在天津小站练军时，曾将它携入宫中献给慈禧，太后食罢大悦，随口吟出："山中走兽云中雁，陆地牛羊海底鲜，不及狗不理香矣，食之长寿也！"经老佛爷一品题后，"狗不理包子"想不声名大噪都难。

二十世纪四十年代初，包子铺迁往"天祥商场"（今劝业场），生意愈发火旺，并正式定名为"狗不理"。新中国成立之后，由于高贵友的第三代们闹纠纷，"狗不理"曾一度停业。一九五六年时，天津市政府为继承发展传统风味食品，找来其三代孙高焕章，正式在原"丰泽园饭庄"的旧址恢复了"狗不理包子铺"。一九八〇年初，其先在北京市地安门外大街开设分号，进而于一九九三年在首尔设立海外第一家分店，"狗不理包子"更加誉满中国内外。

"狗不理包子"以色白小巧，形似待放菊花（须打十六褶，疏密适中，面皮有咬劲，俗话叫筋斗），馅心松软油润、肥而不腻闻名。其在原料上很讲究，面粉用大成牌的，酱油则用红钟牌的，前者还是台商经营的产品呢！

打馅、揉面和蒸熟，是包子好吃的三部曲。"狗不理包子"后二者分别掌握了半发面火候的技巧，故皮薄、有咬劲，且不会出现掉底、塌帮及跑油的情况。但打馅的配馅及拌馅，则更有学问，以前是商业机密，现则公诸大众了。

其配馅的准据，不单做馅用的猪肉要新鲜，肥瘦的比例则按季节搭配。像夏天天气炎热，人们吃不下肥腻之物，包子肥瘦肉的比例是肥三瘦七；春、秋两季天气宜人，用肉量肥、瘦各半；到了冬天，天寒地冻，人们需要高热量，用肉就改成肥六瘦四。因而"狗不理包子"四季都肥而不腻，美味适口，包君满意。

清香可口，是"狗不理包子"的另一大特色，这表现在拌馅上。因主要用的是猪大骨头熬成的高汤，其次则是鸡高汤，比例是一斤肉要拌八两高汤。佐料亦不马虎，定制一丝不苟，一斤肉馅放三两酱油、一两五钱香油、一两葱和四两姜，样样要用量准确，过秤严格，绝不光凭经验、眼力投料。在如此严格的控管下，"狗不理包子"香味四溢、营养丰富，乃属当然。

在"狗不理"的盛名下，天津一带的点心铺，有样学样，陆续出现"猴不吃""猫不闻""鸭不睬"等奇怪店名，称得上是食林一大奇景。

目前在台北卖天津包的店家已不多见，显然都在苦撑待变。如果店家在馅料上用心、发面上考究，总结经验，反复实践，在经过一番静观其变后，必能吹起反攻号角，重新刮起流行风来，真正来个"少康中兴"。

民雄野鸭真甘鲜

　　小时候，常听父亲谈起当初他被派往江苏高邮地方法院担任书记官长时的往事。时值秋日，水鸭南飞，成百上千，不分早晚。院长好啖善饮，每到傍晚，便令人到街上买一只烧烤水鸭，并捎回一壶洋河高粱酒。两人边吃边喝，兴味盎然。

　　或许是受这番话的影响，我自幼便对水鸭心向往之。原来这水鸭即野鸭，古称为"凫"，其肉味甘凉，喙短而尾长，毛色有青有白，能耐苦寒，即使在寒冬时节，也能在水中讨生活。雄鸭羽毛较为光鲜美丽，头部呈翠绿色；雌鸭则全身呈灰褐色。其肉质远比家鸭鲜美，一向是饕客眼中的珍品。

　　已故美食家唐鲁孙忆及往事，称："自从来到台湾，我只听喜欢打猎的朋友们说去打野鸭，可是我既没见过，更没吃过。有一年去虎尾糖厂访友，住在贵宾馆，恰巧碰见何敬之（何应钦）、白健生（白崇禧）、杨子惠（杨森）三位老将军联袂而来，也住在招待所，说是来虎尾溪打野鸭子的，杨惠老本来说话风趣，当晚又喝了几杯益寿酒（金门酒厂出品，大受欢迎，据传是他府上的配方），酒后谈兴甚豪。他当时的夫人是台大毕业，跟小女同班同学，所以他才开玩笑，叫我小老叔，并且说何、白二老起身较迟，他满载而归，可能他们尚在隆中高卧。果然第二天大家正进早餐的时候，惠老已经带着他的战利品——三只竹鸡和七八只野鸭回来了。他猎获的野鸭，似乎比大陆所见小了很多。中午的野鸭大餐，我回去斗六有事，未能一尝美味，错过一次口福，颇觉可惜。”

唐老这回虽没吃到野鸭大餐，但他仍尝过两回上好的野鸭饭，一直念念不忘。一次是初到苏北时，“白露凝霜，初透轻寒”。他“到泰县住在大林桥旧宅，泰县支家是大族……舍下跟支府是老亲，支三老太派人送了两菜两点另外一甑野味饭来。菜点送来正有一位朋友金驼斋在座，他说：‘支府的瓦煲野鸭饭是全泰县最有名的，支家的野鸭饭必定三太太亲自下厨做的，野鸭的大小肥瘦不合标准她不做，她老人家精神不好也不下厨，您能吃到支家的野鸭饭可算口福不浅’”。

这支家的野鸭饭“的确属妙馔”。因它的米“是支家田客子（佃户）精选的水稻，糯而不黏，粒粒珠圆，有似广东顺德的红丝稻。野鸭肉酥皮嫩，腴而不油，配上碧绿的油菜，味清而隽”。

另一次，则是在上海浙江路的“精美餐室”。乍见“门堂贴有‘本室新增野鸭饭’”，由于“这种美食珍味，许久未尝，于是入座叫了一味野鸭饭来尝尝。鸭子的腴美不输苏北，饭也焖得汁卤入味芳鲜，不用上海稻，而用籼米更觉松爽适口，可惜所用芸薹（俗称油菜）不似苏北取自田园，随摘随吃来得新鲜肥嫩"。

事实上，除苏北外，中国南方（包括台湾）一带，因多江河湖泊水塘之类，故每届秋冬，水鸭便成千上万。此时农家即在水鸭出没的水域布下天罗地网，捕捉不太费事。也有用鸟铳或猎枪猎杀的，多半利用拂晓时间，数人各持一把鸟铳，填好药砂，装上引信，登小舟内，除操桨者外，余皆隐藏船中，不露丝毫声息。待水鸭进入射击距离时，纷纷举铳瞄准，此时大叫一声，水鸭受到惊吓，立即展翅欲飞，在此将飞欲飞之际，数铳齐发，中弹即坠。猎者马上快桨趋前拾取猎物，往往满载而归。四十余年前，我曾在嘉义八掌溪见过此场景，印象至今仍很深刻。至于像杨惠老这样单枪匹马，一切自力救济的场景，倒是还没看过。

水鸭不仅江南、两湖、岭南人士爱吃，港台食客亦"趋之若鹜"，一方面固然是因为肥美，另方面则是它"大益病人，胜于家鸭"。而从重阳到立春，是水鸭最肥美的季节，因它是一种候鸟，到秋季才往南飞，喜栖息在江河湖泊池塘泽沼之旁。香港的货源多来自广东中山、石岐一带，亦有冷藏经湖南供应者。如想吃炖的，必以鲜货为上品。故港九酒楼每在秋冬时节，竞以"清炖水鸭"上市，强调食补功能。

清炖水鸭无疑最受欢迎。一般是选中型水鸭一只，加冬虫夏草二钱，一起用文火焖炖，俟其熟烂食用，味道极为鲜美。此外，亦有用鸭腰、枸杞子同炖或用黄芪、党参同炖者。前者能养阴补精，后者则是病后气虚的调补妙品。

台湾的水鸭，主要分布在嘉义的民雄、鹿草、太保一带的水域中，民雄产量尤多。一般也是吃清炖的，常加当归、枸杞等物。

我吃过数家，都不太满意，有的竟放入萝卜干，有的则猛撒胡椒粉，吃来真不是味儿。十几年前，只有民雄的"老侯家"尚称得法，它以水鸭专卖店作号召，料鲜味隽，相当不错。不过，在此要声明的是，民雄当地的水鸭并不"野"，早就以饲养的居其大宗。

李时珍《本草纲目》记载："凫，东南江海湖泊皆有之，数百为群，晨夜蔽天而飞，声如雷雨，所至稻粱一空，肥而耐寒。"而在食用时，"以绿头者为上，尾尖者次之"。我想古人吃水鸭，因它是"害鸟"，食来心安理得。而今，水鸭莅台量大减，偶在淡水河、新店溪及大汉溪等河口，可以觅其芳踪。观赏尚嫌不足，岂忍猎而食之？深盼嗜凫君子，养者过口即可，莫唯野鸭是尚。

万峦猪脚本佳美

我于二十几年前初尝万峦猪脚，是由食友张志明律师带去的。早闻其大名，竟能亲临大啖，内心实不胜之喜。在饱餐一顿后，我不免好奇地问起："整条街都是卖万峦猪脚的，你又如何得知哪一家才是道地的呢？"他则笑着说："我从小便在此吃猪脚了，至今已不下三十回，从单独一家时就开始吃起，岂会分辨不出？事实上，要看出哪一家是正宗的并不难，只要看人潮走向，不就一清二楚了吗？"我乃依言观察，果然一点不假。君不见：观光客们闻香下马到"海鸿"，别家不但"门前冷落鞍马稀"，而且频在门前揽生意，其间相去之大，真有天壤之别。

据唐鲁孙先生的说法，早在六十年前林石城主掌屏东县政时，即对猪只的育种繁殖特别有兴趣，故对于猪只品种及检疫都非常重视，而且管制严格。因而"高屏地区美浓、万峦猪脚能够驰名全省，和这些都有微妙关系"。此语虽非见微知著，也算是一针见血了。因为一样东西好吃与否，食材的良窳，绝对居重要地位。故如何才能买到上好的食材，基本上与料理手艺的好坏，足以等量齐观。关于此点，《随园食单》上已有精辟的见解。其《须知单·先天须知》云："物性不良，虽易牙烹之，亦无味也"，且"大抵一席佳肴，司厨之功居其六，买办之功居其四"。

唐老又提到，万峦猪脚的创始人是林海鸿。"他在日本殖民统治时期，就在万峦市场摆了个面摊卖蚵仔米线。台湾光复，儿女日渐长大，虽然终日孜孜，也只能维持温饱……有一天有位顾客来吃面线，看他长吁短叹，问起缘由……就跟他说：'高屏地区猪只品种不错，肥少瘦多，我给你一个去油的秘方，卤出来的猪脚入口香脆，而不油腻，你如法炮制，必定能够大发利市。不过有个原则，你必须用猪的前腿。'"看来林海鸿在无计可施之际，遇上了大贵人。而那位顾客所授的秘方为：先用开水烫过，拔毛冷藏，解冻之后，再用独门中药配方（此为店家商业机密，外人无由得知），以小火煨上三个小时，然后开锅，旁置冷却。此外，林海鸿也在蘸料（蒜蓉酱油）上下功夫去研究，故使猪脚"更是开胃爽口"。鲁孙先生认为此蘸料能使它爽口而不油腻，因而提升滋味，堪称绝配。这当然是卓见，但我觉得在四时如夏的南台湾，吃皮爽肉韧、冷切蘸料的卤制猪脚，一定要比热腾腾的红烧猪脚来得讨好叫座。

林海鸿自做出名后，起初"一天总要卖几十只猪脚。不久，因为生意太好，实在忙不过来，于是专卖猪脚"，名气愈来愈响，店铺竟成观光据点，每天游人如织。而他为了应付大量人潮，另在附近开了一家"海鸿饭店"，生意愈做愈旺。他去世之后，便由长子展芳、女儿六金克绍箕裘，继续经营。结果像滚雪球般，"生意越做越大。通常一天要卖六百斤猪脚，生意好的时候，一天能卖一千斤出头，分别早（九点）中（十二点）晚（六点）出锅"。而问题就出在这儿，其子林展芳曾说："肉价好的时候，因为需要数量太大，必须向其他县市肉贩子收购，才能应付无缺。"通常量大了，质就相对降低，此乃古今通则，放诸四海皆准的定理。因为它除了肉源已非尽用当地之外，司厨也没那么多人，水平参差不齐，质量自然不一。不过，来凑热闹的客人实在太多，嘴刁的毕竟只占少数，故其盛名始终不坠，天天门庭若市。

赚钱是永不嫌多的。"海鸿饭店"在大发以后，又"在屏东富山戏院旁，开了一家分店"，准备乘胜追击，狠狠捞上一笔。没想到，皇天不从人愿，手脚快的已在青岛街开了一家万峦猪脚店，两边大打擂台。屏东的吃客，"自然真假莫辨"。此对林氏兄妹而言，不啻一大打击，为了独占利源，乃打起仿冒官司来。在涉讼经年后，法官认定万峦只是个地名，猪脚更是个普通名词，"且未申请专利"，故判决其败诉。从此之后，除原先在万峦市场边的那两家"万峦猪脚"外，整条街的猪脚店，一如雨后春笋般，纷纷冒出头来。幸亏"海鸿"是成名数十年的老店，林展芳的说法是："外来客有向导指引，当地老顾客谁新谁旧，分辨得很清楚，对生意毫无影响"。反而是经过这番沸沸扬扬，竟使万峦这一个位于屏东市郊、默默无闻的客家小村落远近知名，以至慕名专程而来品尝猪脚的游客，络绎不绝于途。万峦居然一跃而成南台湾的著名去处，想来也真是个异数。

这些游客在恣餐饱啖之余，每不忘把猪脚当手信携回。于是有人发明了冷冻还原之法。此法甚易，乃在电锅里的饭刚煮熟时，立刻放入猪脚同焖，俟猪脚的香味释出即可。此举纵不能完全还原本味，至少接近原味，聊胜于无了。

有趣的是，已故食家逯耀东第一次吃到的万峦猪脚，竟不是出自"海鸿"真传，而是西贝货。他曾说："第一次吃万峦猪脚是在高雄，因为在南部一连串讲演后，夜宿澄清湖，澄清湖的湖光水色的确很幽美。突然心血来潮，走了很远才找到一辆出租车，向司机说找卖猪脚的，于是就直抵高雄，来回出租车花了一百多块（按：此乃三十几年前之物价），就为了啃那几块骨头。不过，想想还是值得的。"但他后来仍是吃到了真品，却不是在万峦当地吃的，而是台北"敦化北路良士大厦那条巷子里的那家小店，除了从屏东空运侯家鸭来，还空运猪脚来卖"。

大概在二十年前，"万峦猪脚"（通常是加盟店，不见得是林氏后裔所开设）盛况空前，光是台北市，就开了很多分店。其中，又以圆环、林森北路和汀州路的那几家人气最旺，口碑较佳。尔后，因其分布太密集，且重叠性太高，难以为继的便陆续收档，而今尚存活的已屈指可数了。然而，林海鸿的"本尊"及"分身"们，已共谱下了台湾万峦的一页猪脚传奇。只是它在由盛而衰后，能否再肇中兴，深值吾人观察。比较令我遗憾的倒是未能同唐先生一样，尝到林海鸿在摊前亲炙的美味。那时候，他为了生计，一定精心制作，保证"热鏊腾芳""众香发越"。现在的猪脚在量产后，早非旧时味了，为行家所不取。

屈指算来，"万峦猪脚"我目前已吃过十次以上。吸引我一再光顾的，已不是猪脚，而是以同样手法做的两种卤制品，一是猪舌头，另一是猪尾巴。前者与连在一起的舌边肉各具好味，一透一脆，令人激赏；后者则皮弹肉糜，环环钻心。将两样同切置一盘中，冷吃蘸料，手抓口啃，伴随着冰啤酒落肚，感觉好得不得了。只是店内另有供应的客家炒菜类及南洋千层糕等，其味道已远逊于昔，实无必要另外坏钞。

而今万峦乡每年都会举办美食节，吸引为数甚多的观光客，万头攒动，好不热闹。然而，万变不离其宗，"内行人看门道，外行人看热闹"，古今中外皆然。阁下如一意品尝，还是选个非假日，优游于传统食肆，用心体会享用吧！

客家猪脚二重奏

　　红烧猪脚一直是我的最爱，蹄尖尤有吃头。它本来就是个好东西，含有大量的胶原蛋白，食后可使人皮肤细嫩润泽，还能通乳腺、填肾精、健腰脚，并有养血、止血之功。不论是男女老少，它皆为滋养妙品。唐鲁孙先生在《唐鲁孙谈吃》一书所提及的美浓猪脚，即是"红炖炖、油汪汪、香喷喷，全是猪脚尖"；而其味道则"妙在味醇质烂，腴滑不腻"。我曾品尝过好几次，知此确为知味之言。

　　高雄市美浓区，是客家人聚居的大本营之一，镇上居民百分之九十五以上是客家人。其原名为"弥浓庄"，日本人殖民统治台湾后，见此地的山水风物与其位于东瀛的故乡"美浓"相似，乃更名为"美浓"。其诚为今日台湾最道地的客家文化地区，以出品油纸伞和陶窑闻名。它曾是个烟叶之乡，"当地农家十之八九，都以种植烟叶为副业"。早年无论从任何方向进入美浓，触目尽是一畦畦的翠绿烟田与破旧颓圮的朱瓦烟楼，特别是隆冬到农历年间的烟叶采收期，偶尔还会看到烟楼冒出的缕缕黑烟。唯在今日科技的取代下，昔日美浓那种"三步一烟楼，五步烧烟飘"的景观已不复见。唐老曾于一九六〇年担任过屏东烟叶厂的厂长，每到收购烟叶期间，"差不多都在美浓镇各买烟场看看"，而他的"午餐就在镇上小饭馆随便果腹"。因此，他老人家除红烧猪脚及鲜鱼米素（味噌）汤外，一定吃过粄条、高丽菜封、冬瓜封、姜丝炒大肠和中正湖畔的水生野菜等当地著名的小吃。可是他在《唐鲁孙谈吃》一书里，却专写"乃滋蜜"母亲亲炙的红烧猪脚与鲜鱼米素汤两味，可见其对此印象之深刻，实难磨灭。

美浓的红烧猪脚，我曾向往已久；二十余年前，终于如愿吃到。当然，这亦同万峦猪脚一样，由食友张志明律师充作向导。我俩一到了这里，便直趋该店，连叫三大盘，吃得真过瘾。只是唐先生笔下"当炉白发苍苍的老板娘"，更显得老态龙钟了。唯其手艺尚在，用心割烹如故，食客始终如织，她忙得晕头转向。我食罢意难忘，后来再去数次，还是相当地好，只是囿于条件，无法经常光顾，内心深引为憾，不知而今尚在否？幸好宝岛佳肴极多，即使同为红烧猪脚，我也曾在别处吃过不分轩轾的，稍释心中之恨。到底能在哪个地方吃到？权且卖个关子，先谈谈美浓的这一家。

唐鲁孙亦爱煞这里的红烧猪脚，有人便问他说："在南部不是万峦猪脚最有名吗？"他答曰："美浓猪脚妙在皮光肉烂，万峦猪脚好在香不腻人。象有千味，味各不同，不能相提并论的。"吐属不凡，真是行家的话，一语即道破关键所在。世人往往震于名气，不辨东西本身滋味，哪儿有名就朝哪儿钻去，忽略了它们在烧法、口感及味道上的差异，这原不值识者一哂。不过，就我个人而言，喜欢美浓这种"又香又烂"的红烧猪脚，更甚于"冷切蘸料"的万峦卤猪脚。

老实说，我真是个饭桶，食量之大，不愧"净盘将军"。年轻时去吃蒙古烤肉，我能连尽七大碗及三块烧饼而面不改色。既已来到美浓，美食当前，我自然奋不顾身，祭出看家本领，抓咬啃吮，全力以赴，竟连下十块左右，吃得眉开眼笑，量惊四邻。座中人啧啧称奇，讪笑我是从他处逃来的难民。我抹净嘴回道："这又算得了什么？"另，据唐鲁孙的现身说法，在一九七二年时，"财政厅有一位李视察，自称在大陆时是有名的猪脚大王。我特地请他到美浓吃猪脚，他一口气吃下十二大块猪脚……他吃完猪脚还外加一碗鱼汤两碗饭。后来，他回到中兴新村跟人表示，到美浓吃猪脚是人生一大乐事，令他毕生难忘"云云。看来普天之下，也唯有这种"食王元帅"，才能叫俺佩服得五体投地呢！

美浓猪脚胜在收拾得干净，毫无冗毛，经红焖后，保证皮光肉滑，适口充肠；而其"米素汤的鱼现网现宰，自然鱼鲜汤浓"，此乃其镇店两大名肴。唐鲁孙因有人告诉他，靠近买烟场一家小饭铺的鱼，乃从中正湖打上来的鲜鱼，以此做米素汤很有名，而去光顾，竟意外地尝到这一极美的红烧猪脚。但我之所以能尝到另一家足堪比肩的猪脚，反而另有机缘，全因好吃。

有一回去花莲游玩，观赏美景固然是重点，饱啖美食，更是此行一大目的。饕友叶子明虽由花莲迁居台北，但整个家族仍住在花莲。他向几个常在外吃饭且好食美味的亲友打听，他们一致推荐位于万荣乡的这家乡野小食堂。大伙儿乃循花东纵谷前往，在大榕树底下找到这间十分不起眼的破落户。吃罢，一行人无不竖大拇指赞好。东西烧得既棒，价位更是低廉，真是物超所值。

万荣乡离凤林镇不远，是个名不见经传的小地方。店主人满妹闲来无事开了这家小铺，离火车站很近，就在平交道后侧，未悬任何招牌，一点也不显眼。一旦寻着一株大榕树下的低矮木屋，见其白色墙壁上用红漆刷着"万荣满妹猪脚"几个大字，便可信步走过去。其屋破旧古老阴暗，全然不似食堂。据云她还是应广大食客的要求，才央人刷壁并题字于其上的；要不然，一定会叫人"踏破铁鞋无觅处"哩！

满妹是客家人，当时年纪六十开外，仍神采奕奕，待人亲切得体。她红烧出来的猪脚，实不比美浓"乃滋蜜"的母亲所整治出来的猪脚逊色。其红焖猪脚，不光是蹄尖，而是自蹄髈以下的前肢，悉斩大块入巨镬（锅）中慢慢地煨，亦有猪肠结等物。等其盛盘端来，肉大块而结实，皮光滑而脂凝。

其猪肠结甚佳，将猪小肠切段扎紧再红烧，入口扎实爽脆，馨香且不腻人，好吃得不得了。但得趁热食用，因为一旦冷却，油脂便凝成霜，咬起来柴柴的，而且满口肥油，实在怪吓人的。此外，其白斩土鸡味甘耐嚼，苦瓜塞肉烂透腴软，均是好味妙品。

早在十多年前，我曾带食家逯耀东夫妻等十余人到此，分两桌而坐，各先点一大盘猪脚，里头十块，大小不等。大家各不相让，"人人动嘴，个个低头。遮天映日，犹如蝗蚋一齐来；挤眼掇肩，好似饿牢才打出"。结果"吃片时，杯盘狼藉；唼顷刻，箸子纵横"。一盘甫毕，再添一盘，如此两次，总算打住。临行之时，逯老还将红烧猪脚及肠结打包带回，准备在家中好好享用。其诱人若此。

美浓及满妹的猪脚，在媒体多方报道后，广纳各方食客。自满妹过世后，后人于新址另起炉灶，景观比之前优美得多，仍卖从前菜色，滋味还过得去。各位如有兴趣，仍可前往赏味。

头早汤面一级棒

　　陆文夫的小说《美食家》曾风靡中国各地。这部小说的背景在苏州，写的是美食家朱自冶的生平趣事，笔调诙谐幽默，刻画入木三分。尤其是写他赶吃头汤面的那一段，更是脍炙人口，令人拍案叫绝。

　　"朱自冶起得很早……眼睛一睁，他的头脑便跳出一个念头：'快到朱鸿兴去吃头汤面！'"为什么要吃"头汤面"呢？因为"千碗面，一锅汤。如果下到一千碗的话，那面汤就糊了，下出来的面就不那么清爽、滑溜，而且有一股面汤气。朱自冶如果吃下一碗有面汤气的面，他会整天精神不振，总觉得有点什么事儿不如意"。

　　头汤既然是面好吃的关键所在，因此，他"必须擦黑起身，匆匆盥洗，赶上朱鸿兴的头汤面"。可是头汤只能下那么几碗，绝对无法满足奉行美食主义者的需求。所以，能赶上"早"汤面已算不错啦！像湖北省沙市即有一个近两百年历史的"早汤面"，其就因"早"而闻名。不过，它除了早以外，更以料足味鲜而名噪荆楚。

沙市早汤面的创制人为余四方。早在一八三〇年（清宣宗道光十年）时，余四方自咸宁到沙市谋生，在刘大巷口开业，店名叫"余四方面馆"，经营面点及各式炒菜。当时沙市开面馆的不下十家，但自余四方的那家开张后，便一个接一个地"门前冷落车马稀"了。

"余四方面馆"的独到之处，在于他每天半夜就用猪骨、鸡骨和鳝鱼骨熬汤，天一亮即开始做生意。因其制作精细、用料讲究、配料齐全、汤色乳白（用鸡脯肉、猪瘦肉及鳝鱼肉作大码，猪肥肉作小码，一浇头后，立刻鲜香醇厚、浓而不腻），故能别具风格，终至独占鳌头，生意愈做愈旺。时任荆州知府的奎将军每到必尝，遂使"早汤面"之名，不胫而走。

余四方发了大财后，为扩大经营，乃在闹区毛家巷内开了一家"八景酒楼"，增添四方佳肴。但人们已习惯了吃"早汤面"，便依然这么称呼它。只是余四方万万没有想到，他开面馆糊口，竟造就了一位大名鼎鼎的汉剧大师——余洪元。

余洪元是余四方之子，秉性聪慧，酷爱戏曲。那时的沙市是戏班重镇：百戏杂陈，群英云集；宫、庙、馆、院的戏台林立。而其红牌的艺人，因地利之便，常聚在"八景酒楼"吃饭。余洪元自幼便穿梭于各戏台，优游于优伶之间。再加上他得天独厚的条件，能在自家酒楼里向各路高手们讨教，耳濡目染，久受熏陶，唱起曲来，架势十足。故小小年纪，就已是有名的"票友"。

谁知好景不长，在他十六七岁时，余四方因病不起，家道随之中落。余洪元身无长技，无以为生，只得透过父执辈的引荐，拜号称汉剧"一末正宗"的胡双喜为师，正式学艺。余洪元仗着一副天生的好嗓子及父亲的余荫（许多戏剧界人士，都曾受过余四方的热情款待），在胡双喜的精心调教下，终成一代名家，博得"一末泰斗""汉剧大王"的美誉，不仅名冠三楚，而且誉满京沪。

　　而今"八景酒楼"已成广陵绝响，但余四方传下的"早汤面"却成了沙市一项著名的传统小吃，吸引着从四面八方蜂拥前来尝鲜的观光客。至于"朱鸿兴"的面如何好法？且听听早年常吃、已故食家逯耀东先生的现身说法：

　　　"朱鸿兴"专卖早点，以焖肉面最普遍……每天早晨，许多拉车和卖菜的，都各端一碗，蹲在街边廊下，低着头扒食。我早晨上学走到这里，把钱交给倚靠柜台、穿着苏州传统蓝布大围裙的胖老板，他接过钱向身后那个大竹筒里一塞，回头向里一摆手，接着堂倌拖长了嗓子对厨下一吆喝。不一会儿面就送到面前。我端着面碗走到门外来，捡个空隙把书包放在地上，就蹲下扒食起来。

　　逯耀东显然对那碗面难以忘怀，将其形状、颜色及滋味，写得非常传神，看得我直流口水。他说："那的确是一碗很美的面，褐色的汤中浮着丝丝银白色的面条。面条四周飘散着青白相间的蒜花，面上覆盖着一块寸多厚半肥半瘦的焖肉，肉已冻凝，红白相间，层次分明。吃时先将面翻到下面，让肉在汤里泡着。等面吃完，肥肉已化尽溶于汤汁之中，和汤喝下，汤腴腴的咸里带甜。

然后再舔舔嘴唇，把碗交还。"几十年后，等逯耀东"再找上门的时候，'朱鸿兴'已经歇了。不仅歇了，连店面也拆了"。看来这个让美食家朱自冶每天赶早吃的头汤面，早已不复存在。

现在想吃碗头汤面，恐怕得自己在家下来吃了。每当我看到绝大部分店家下面那锅黏乎乎的滚水，就直皱眉头，倒尽胃口。幸好天无绝人之路，大概在二十年前，我无意中在永和市（现为新北市永和区）文化路永和戏院对面的小巷内寻到一个小面馆。未悬招牌，店面极小，座位不多，卖的只有打卤面与炸酱面。店主是位七十开外的老先生，使用一只乌黑铁镬（锅），锅铲撞击，铿锵有声。每次所下的面，只有一到三碗。面条清滑，嚼来带脆；汤汁鲜清，味美异常。

这位河南老乡，爱饮烧刀子，最嗜杜康酒，精神矍铄，身手利落，乡音甚浓。我一得空便食，倒觉其乐陶陶。自他仙逝之后，改由媳妇接棒，身手也过得去，但人气已大减。再过了一段时日，不知何故歇业。昔日美好回忆，早成明日黄花，长留内心深处。

棺材板真有意思

　　记得十几年前曾看过一则报道，谓比利时布鲁塞尔的市中心，有一间驰名远近的"棺材"酒吧，吸引了不少想一探究竟的买醉客。

　　这家酒吧从外观来看，跟一般酒吧雷同，没有特殊标记，但里头的陈设却会令人毛骨悚然。其酒柜的结构，是用三副真正的"棺材"组成，周边还摆着白花扎成的花圈，并在昏暗惨淡的紫色灯光掩映下，不停地播放着哀乐。在此阴森的气氛中，其所产生的恐怖感觉，一再袭人心头。

　　此外，这间酒吧的鸡尾酒，计有"魔鬼""僵尸""吸血鬼之吻"等二十多种，光听名字就够心惊胆战的了。酒杯也别出心裁，只只形似骷髅，让人不忍直视。然而，前来这里找刺激的顾客却视若无睹，个个开怀痛饮，喝醉了，便在暗淡阴沉的灯光下，随着哀乐东倒西歪地蹒跚起舞，全无恐惧之心。

　　棺材酒吧所营造的具体形象，写实到了极点，令喜者流连忘返，恶者掩面而走，两者似无交集。这比起雅俗共赏的台南名食"棺材板"来，因缺少模糊空间，更乏绝妙意涵，可谓高下立判。

我在二十年前，第一次尝到"棺材板"，是以浅盘托出，并用刀叉取食，和吃西餐并没两样。细看其做法，似乎也不难，只是把切成厚片的吐司炸过挖空，中央摆入炒香的面粉与洋葱，再注入高汤、牛奶面糊、鸡肉、花枝、豌豆仁及红萝卜丁等内馅，然后把挖出的部分填上即成。难怪当时卖此的业者甚多。美食家唐鲁孙以前即曾说过，"夜市（指未遭火烧前的沙卡里巴）有四十家都卖棺材板"，但"外路客到台南，爱吃的朋友都要尝棺材板，家数虽多，烹调技术可大有差别呢"！

他还透露一个有关"棺材板"的真人实事。原来"亚航有位美籍工程师史密斯，是夜市小吃摊的常客，他发现有一个卖棺材板的摊子，当炉的少女长得秀丽爽朗，她做的棺材板，是咖喱牛肉馅，炸得酥而不腻，颇合他的口味，于是天天成了座上客，也问出了小姑娘叫蔡阿绸。洋朋友有一年吃了一百七十多次的纪录，追了一年多，有情人终成眷属"。

虽然我吃过好几回"棺材板"，却从未吃过包咖喱牛肉馅的，敢情是蔡小姐情定洋人后，这种另类的做法，就成广陵绝响了。

康乐市场内的"赤嵌点心店"里的"棺材板"据说是本尊，现在分身虽众，却始终无法动摇其主流地位，各报章杂志采访者不绝于途。而这"棺材板"的由来，听说还有一段故事。

台湾光复之初，被拉到南洋充当军夫的许六一返乡，为了维持生计，他便在"沙卡里巴"夜市设摊卖鳝鱼意面及八宝卤饭等寻常小吃。越战发生后，美军大批来台度假，台南市有家餐厅顺势

　　　　　　　　　　　　　　　　　　　　　心知肚明

推出一道日本式的西点，因以鸡肝为主料，故称"鸡肝板"。许六一尝后，觉得尚有成长空间，马上着手改进，并在店里推出，结果大受欢迎，比原创者卖座。

一九七一年春，某大学教授带学生到台南毕业旅行，在品尝此品时，见其形状特殊，便开玩笑地说它长相长长方方，像煞"棺材板"。此一无心玩笑，触动老板灵感，即刻改名叫"棺材板"。由于名字骇人，许多人（包括唐鲁孙在内）"为了好奇心驱使，所以要开开洋荤"，其也因而一举成名。现由其子许宗哲克绍箕裘。

随着时代进步，内脏乏人问津，店家改以鸡肉替代，风味纵有不如，毕竟食来安心。而在享用"棺材板"时，须有先后次序，才能尽窥其妙。首先是吃盖子，然后吃其内馅，末了再吃外皮。如果不这么吃，恐会一塌糊涂，搞得无下手处。

坊间的"棺材板"，为了省事方便，没用炒面粉，改采太白粉，故缺乏香气。又为了加重口味，另调入番茄酱，遮掩了奶油味。以紫夺朱，终非正道，是以一提起"棺材板"，终让"赤嵌点心店"拔得头筹。

"棺材板"从发明至今，将近半个世纪，堪称是一个由外来（指中国以外）而落实于本土的吃食。该如何才能延续其香火，以将之纳入台湾年轻人的口味，应是一个有正面意义的课题。

不过，台湾饮食爱搞创意，目前在夜市常见到者，个头小而长方，名为"官财板"，滋味并无不同，只是名称怪异，当官而见到财，虽为图好口彩，但如此不伦不类，让人啼笑皆非。

府城肉粽忆再发

我从小就爱吃肉粽，尤其是南部煮的那种。之所以如此，一则是妈妈乃嘉义人，包得一手好肉粽，内馅虽只有一块梅头肉、一个大花菇及一只大开洋，但料实而鲜，煮熟后剥食，滋味一等一；另一则是儿时即深植脑海的美好回忆。

记得童年家住员林时，有段时间爸爸奉派至台南高分院服务，每次返家必携回两只巨粽。回来时段通常是九点左右，虽已用过晚饭，但妈妈还是马上解开其中的一只给我们这几个小馋鬼吃，我们一定要吃撑了才肯上床睡觉。不过，好吃的我一定难以入眠，因为还有一只未祭五脏庙哩！第二天，妈妈把剩下的那只煮透，大家分而食之，仍觉十分适口。这个每周上演一次的老戏码，持续了一年多，我依旧百吃不厌。

后来我才知道，爸爸买回来的正是美食家唐鲁孙所艳称的"吉仔肉粽"。

唐鲁孙曾说："吉仔的肉粽，近乎广东肇庆的裹蒸粽，好在不惜工本，花样繁多，百味杂陈，材料扎实，宁可提高售价，但是货色不肯抽条。它还有一个特点，煮好之后，焐得透而不糜，只只入味，冷吃热吃均可。……是台湾小吃中的隽品。"我读大一时，有次赴台南游玩，向当地的同学一打听，竟没人听过"吉仔肉粽"。经锲而不舍地比对查证，终于明白"吉仔"即"再发号"的创始人吴加再的讹音。早知如此，就不必这么费劲去找了！

"再发"的名号极响，招牌极老，据说已超过一个半世纪。其制作肉粽的技术向不外传。产品有顶级的"八宝肉粽"、大号和小号三种。我小时常吃的，即是八宝肉粽，重至十二两，像个小碗公，方厚而紧密。世居台南的好友郭君提过，这种货真价实的庞然大物，当地人只有在馈赠外地亲友时才购买（唐鲁孙即因此而尝到）。其最大的销路还是慕名而来的外地人，他们出手很阔绰，常一次二十个、三十个地整捆买走，早年它们甚至漂洋渡海到日本、美国等地呢！

十几年前，我常去台南狂啖小吃，连吃个八九摊，只是小事一桩。每次扮演终结者角色的，必是"再发"的肉粽。还好到的时候，八宝肉粽都已售罄，不须点来再塞，便据胃口情况，挑个大号或小号的来吃。如意犹未尽，再来碗汤醇味厚的赤肉羹饱腹。这个搭配实在绝妙。

大号的肉粽比小号的贵一倍。前者以箬叶包扎，后者以竹叶裹之。莫看小号的个儿小，肉馅可一点也不含糊，实在好得很。它包的料儿有精选的糯米、赤肉（选猪后腿）、肉燥（用猪肩胛肉剁烂熬成）和咸鸭蛋黄等，口味已然出众。若以此为基础，再添入干贝、栗子、香菇、扁鱼酥等料，大号的料更多，滋味更棒。

吃肉粽最怕叶子黏米，食之困难，弃之可惜，挺恼人的。我吃"再发"的肉粽何其多，却无这种状况。为了解开谜底，我曾经反复参详，一再细加观察，总算弄清原因。原来其在包裹时有个小窍门，那就是内层必选用洗净的旧叶，煮起来才不会黏米，也不影响其卖相。而外层绝对采用新叶，这样才能封存香气，增加美观。诸君如欲制作南部的烧肉粽，这点倒可以参酌一二。

已有好些年没去台南大膏馋吻了，不知"再发肉粽"的味道是否依旧？下回得空前往时，除大快朵颐外，也要拎回一串，放在冰箱里慢慢享用。毕竟，这个已吃了五十年的佳味，曾让我在被窝里牵肠挂肚了好一段时光。这种情景，恐怕今生今世永难忘怀。

风城摃丸话今昔

一提到新竹的名产，首先会令人脱口而出的，保证是米粉与摃丸。其米粉究竟如何好法，实与本文搭不上关系。倒是已故食家唐鲁孙先生在曼谷"明园酒家"吃过，还特地带上一笔的新竹摃丸，至今仍为人所津津乐道。关于它的起源，相传在很久以前，当地有一位孝子，为了侍奉年迈发秃齿摇的老母，每次在做她喜欢吃的猪肉时，担心老人家无法咀嚼咬碎，于是便把买回来的上好猪肉捶打至碎烂之后，再捏制成丸状侍亲。久而久之，孝子的孝行遍传新竹，摃丸的这种吃法，也跟着流行起来，终至成为今日新竹的特产之一。这种齐东野语，本不足以采信，姑妄附记于此，算是聊备一格。

据唐老的现身说法，"自从在曼谷吃过摃丸，回到台湾，有事去新竹公干，跟人一打听，敢情新竹卖摃丸的都在城隍庙一带，一共有十多家，彼此争夸自己是老牌真正摃丸。这跟北平王麻子卖的刀剪一样，年深日久所做摃丸大致相同，也分不出谁是最原始那家了"。他老人家的这个观点，我将信将疑，持保留态度。经向熟识的当地人一再查证，得知其源头约有两处，且为诸君一一道来。

新竹市摃丸店的全盛时期，约在公元一九七五年前后，当时的业者，总数共五十余家，生产摃丸全用人工。在这些店里头，以位于西门街九十八号的"海瑞摃丸大王"最古，其门生学徒遍布风城。而今，在此做摃丸生意的业者，还真不少是从这里出来自立门户的。其影响力自然非同小可，很有些"龙头"的味道。

这家店名"海瑞"，可不是借用明代大清官海瑞之名，而是创始人名黄海瑞。他在日本殖民统治时期，以卖面兼摃丸起家，后为集中经营，乃结束面摊生意，专事摃丸生产。经过一甲子（六十年）以上的努力，其已隐成一方重镇。大约在二十年前，黄海瑞交棒，由其子黄文彬继承衣钵，致力生产；门市销售则委由其女黄丽华全权负责。在他们的联手经营下，业务更加地蒸蒸日上。其日产量可达二十万粒，种类则五花八门，除摃丸外，尚有香菇丸、花枝丸及燕丸等产品。

至于目前在新竹执摃丸业牛耳的，则是"进益"。它是把摃丸的生产方式朝向自动化、机械化发展的重要厂家。其厂房设在竹北市，占地广袤，达到四千平米左右。早在十年前，它每天的总产量，依淡、旺季而有所不同，淡季约四千斤，旺季（指逢年过节）则多出一倍，可达八千斤，俨然是个摃丸王国。今则数倍于此。

"进益"的创始人为叶荣波，世居竹北市海边，代代以务农为生。早在光复之初，台湾民生凋敝，百姓难得温饱，叶氏百般无奈，为维一家生计，乃在农闲之际，跑去新竹市城隍庙的中山路摆摊。起初生意平平，搞清状况后，遂以摃丸和鱼丸为谋生主力。为了保持质量，叶氏每天亲自采买，然后动手制作。不料愈做愈旺，竟然大发利市，忙得不亦乐乎。此外，他也是个有心人，敢于研究创新，终在不断改良下，与"海瑞"分庭抗礼，进而独领风骚。

叶荣波在功成身退后，由儿子叶锦江克绍箕裘。正好原摊位附近兴建了中央市场，他们便迁往里头营业。小摊既成了店面，客源则益发稳定，奠定其事业基础。

这家摃丸店的生意虽然已如日中天，却始终没个名号。约三十五年前，叶锦江乃取名为"进益"，冀盼大发利市，结果美梦成真。现在它不光是台湾响当当的字号，它所生产的摃丸更是海外市场的抢手货哟！

"进益"如今已由第三代的叶聪敏接手，所发展出的产品种类繁多，林林总总，美不胜收。据说已有数十种花样，能遍尝所有滋味的，绝对凤毛麟角。

各位看官或许奇怪，分明大家都叫它"贡丸"，为何笔者写的是"摃丸"。事实上，"贡"乃"摃"的谐音省写（闽南话称捶为"摃"），而不是像有些人所说的，"当年嘉庆君游台湾，在新竹吃了这种美味，赞不绝口，后来成了台湾的贡品，所以叫贡丸"。名历史小说家高阳的揣测十分合理，他认为当年民间所流传的嘉庆君，可能就是平定林爽文起义军的福康安。准此以观，如硬把它说成曾是贡品才叫贡丸，那未免吹牛吹过头啦！

而今制作摃丸的方法，大部分是取猪的后腿肉，将之捣烂而成肉酱，再加调味品，俟其成形后，随即煮熟，然后风干处理即成。只是现在风城的摃丸几乎都由生产线量产（每分钟可生产一百个以上），不复早年以手工精心制作（熟手每分钟能做三十个左右），滋味当然不如既往，想来不无遗憾。这种大量生产的平凡食品，怎么可能获大美食家唐老的青眼呢！

唐鲁孙当年念念不忘的摃丸汤，是以竹荪当配料，一爽滑、一腴脆，两者堪称绝配，味道当然好！此外，他亦指出，"天气渐凉，无论吃涮锅子，或是打边炉，放几粒摃丸同煮，爽脆适口，那倒一点也不假的"。他真是个知味之人，已拈出其好吃所在。不过，咱朱家的吃法，和他介绍的不同，可能是我从小吃惯了的，感觉滋味更胜。在此且野人献曝一番，诸君不妨依此试试。

摃丸、虾丸和花枝丸三者，不论在风味还是口感上，都不尽相同。摃丸脆度够、咬感足、味喷香，虾丸腴而爽、润而腴、味极鲜，花枝丸挺滑嫩、酥立化、味馨逸。将这三种丸子同放在大骨头汤中煮滚，再下去皮切块的大黄瓜，然后酌添方便面（通常是"妈妈面"）里的调味料（现则因黑心油之故，此法已不足取），俟其熟透后，即盛起送口。其味沉郁醇厚，其香环绕桌际，能连尽数碗，既痛快又过瘾。

家母的这些丸子，一向在台北市万华区龙山寺附近购买，我不知她是向哪家买，但店家纯用手工制作，绝不偷工减料，实在非常难得，已把"弹丸"的特色，发挥得淋漓尽致，直让人流口水。其美味绝对比起唐老当年所尝到的尚胜一筹哩！

可惜时过境迁，如今怀念起来，好生令人惆怅。

辑六

全台吃透透

台菜的风味小馆

　　台菜本应是最完完全全、道道地地的本土菜，然而，作为其源头的闽菜，业已和它一样，同在宝岛式微。原因无他，只是不具有经济效益而已。因此，这种做工繁复、强调火候、汤汁淋漓的本色台菜，就没几家餐厅肯烧啦！取而代之的，则是食材昂贵、做工简便、回收容易的高档组合，再用些本土小吃做点缀。有些餐厅，虽标榜的是正宗台菜餐厅，不过翻阅完其菜单后，反而看不到什么古早的菜色，且以外来的居多，像白斩鸡、三杯鸡等便是，在地的色彩甚淡。因而想吃接近道地的口味，势必得移师小饭堂了。毕竟，这是"礼失求诸野"嘛！在台北市内，我曾寻着两家最具代表性的餐厅，各有专精，各具特色，绝对可尝到一些不一样的风味。

　　而此两家餐厅，"古月台湾料理"的口味最本土，"明福餐厅"已融入些许粤菜烧法，他们的共通点是地方小、桌子少、没菜单，且识味熟客方知闻香下马。很多后学之辈，都是一试成主顾，进而身不由己、乐此不疲。

"古月"原位于六条通附近，由几位中年妇女主持，很有妈妈的味道。收拾大体洁净，尚称素雅自然，因其待人周到而亲切，即使价钱令人咋舌，仍有不少人"趋之若鹜"。它的菜很家庭化，别家一样能吃到，滋味硬是比不上。故味好料实在，馨逸又清香，乃是其质量保证。其粉肝极佳，堪称一绝；佛跳墙料足，味道当然鲜。另外的一些白切、热炒、炖汤等，材料随季节变化，客人则络绎不绝。"古月台湾料理"自歇业后，部分从业人员，曾在吉林路开了一阵子，虽保留原味，但未持久。另有一些厨娘，转至"美丽餐厅"延续其香火，味略胜于前，我往尝数次，对其白斩鸡、粉肝、佛跳墙及套肠等佳肴，始终念念不忘，思之即垂涎。

"明福"据说是台塑集团龙头王永庆的最爱，生前曾经每月至少光临一次。别看它店儿小，明星却纷纷报到，以政、商界居多。店家有时会把应景的招牌菜写在墙上，方便客人择其所爱，盘盘不便宜。订席最早八千起，以二千元为一跳价单位，可层递到两万元以上，现已远超此数，算是小店大会钞，使人目瞪口呆。

昔老板兼主厨弟弟的阿明师，手底的功夫不含糊，脑中的创意不寻常，搜珍寻异，遍及山海，终能独树一帜，不落一般俗套。纵然须食客自己赴冰柜前点菜，和时下的海鲜店相去无几，所不同的是，此处的手艺与选材，远非泛泛者可望其项背。唯阿明已退休，未亲操刀俎，改由儿、媳接手，虽手中本事不及，但人潮依旧不止。究其实，不外店家极重声誉，货源保证新鲜，料理一丝不苟，食来让人放心而已。

其餐前小菜的种类并不多，却做得很入味，内容随节令变更，绝非急就章飨客。几个小碟，像腌青木瓜切片、酱渍生蚬、炒小鱼豆干等，全有勾起食欲的功效，非尝不可。

爆炒与烧烤类菜式均是店内绝活。其中，豆酱炒肠头、豉爆田鸡（俗称四脚鱼）肚（一称福袋）、色拉烤九孔和薄片豆腐鲨等，好生令人难忘。此外，炒桂花翅、三杯中卷或子鸡等也烧得不错。然而，我有一回去吃时，桂花翅炒得略焦，不无遗憾。

"明福餐厅"的大肠头以脆韧厚味称雄，田鸡肚则爽脆腴滑互见，而色拉铺陈在九孔之上，一起烘烤后，腻润肥美中带厚实之感，嚼来别有滋味。另，豆腐鲨在熏后片薄，蘸着芥末酱油送口，甘爽特异，大有齿颊生津之妙。八九个人点尝以上这些菜，只要再蒸条海鱼，来些白饭，叫碗汤喝（冬天可改尝其沙茶火锅，滋味非同凡响），已够受用了。

假如为了摆阔或尽兴，则可将海水石斑鱼改成近日大行于南部的淡水笋壳鱼。此鱼阔身细鳞，滑柔细嫩，原产地在中南半岛，现南台湾已有养殖，身价不菲，非比等闲。此外，店内龙虾、肥蟹与旭蟹等都够水平，以清蒸见长。猪蹄排翅、佛跳墙二味，更是重头戏。是以在饱享之后，即使钞票尽出，却不怎么心痛，因为值这个价啊！

这两个小馆，皆厕身于陋巷之内，从大路上走过去，绝对想不到里头卧虎藏龙，有着饕客梦寐以求的美味。刘禹锡在《陋室铭》中曾说过，"山不在高，有仙则名；水不在深，有龙则灵"，这句话如用在它们身上，倒也蛮贴切的。

川扬美馔在郁坊

　　"我住长江头，君住长江尾"，指的是两人分别住在长江东西两端，距离十分遥远。不知是谁想出来的花样，竟将头尾两处的美食结合起来，名唤川扬菜。或许这正是抗战时，"前方吃紧，后方紧吃"的具体写照吧！

　　其实，川扬菜应源自川菜中周派的"南菜"，由清末任四川劝业业道台的周善培首开其端。他自日本留学归来后，将江浙菜带到成都，融于川菜之中，善于利用天府物产的特色，翻新花样，既取南菜之长，又别于南菜的味偏清淡。这种菜一度盛行宝岛，最具知名度的首推"银翼"餐厅。

　　三十年前，"银翼"的主厨吕先生自立门户，开了这家"川扬郁坊餐厅"。一时食客如织，纷纷知味停车。岛内一些要员，亦不落人后，时常微服尝味，去凑个热闹。上万个日子过去了，"郁坊"装潢已然陈旧，菜色依然如故。来光顾的客人，是旧雨带新知，新人再成故人，一直循环不已。其所以能如此，不外就是菜肴出色，坚持原汁原味，让人爱煞。

"郁坊"的冷盘极佳，像风鸡、干丝、肴肉、脆鳝、凉拌海蜇皮及麻辣腰花等，无一不妙，均是下酒的美味，呈现不同的口感。喜食腴润的，可选麻辣腰花或干丝；爱吃爽脆的，可选海蜇皮或脆鳝；两者兼具的则是肴肉，其滋味之棒，令很多餐馆难以望其项背。

菜单上所列的菜，以油爆虾、红烧肚鱼等最胜，点心则以锅贴、枣泥锅饼、松针杂笼及葱开煨面等见长。但行家来此点的则不同。像制作费时的清蒸蛤蜊劓肉、干烧大鱼头等，必先预订，然后再来些菜单最后才列的美馔，如肴猪脚、栗子鸡、蟹粉鱼肚、腐竹烤排骨及樟茶鸭等，保证道道精彩，远非寻常可比。

其油爆虾只只入味，干透酥香，极耐咀嚼。清蒸狮子头和蛤蜊劓肉，俱以食肉边菜为妙。前者为大白菜，味偏清淡；后者则为青江菜，味浓性醇，各有特色。但想配饭下酒的话，蛤蜊劓肉料丰（除蛤蜊外，尚有鸡肉、干贝等）而足，非常够味，但须趁热快食，摆久则起腥味，味道大打折扣。

肴猪脚整个煨透，酥烂腴美，风味直追早年以此菜成名的"吃客餐室"。腐竹烤排骨不失酥松滑嫩，其腐竹特别入味。这两款肉食隽品，相当值得推荐。尤令人赞叹不已的则是蟹粉鱼肚与樟茶鸭，都以醇厚得味著称，乃不可多得的佳味。

在各种点心中，又以松针杂笼最有特色。其系将枣泥小包、鲜肉饺、素蒸饺、糯米烧卖等，依食客的需求兜拢，融众味于一笼，的确很有意思。而下垫松针的传统吃法（当年上海沈大成、北万馨、五芳斋所供应的早点汤包是此中的代表作，既具俏式，又有卖相），现在已难吃到，诸君不妨点尝。

品尝川扬菜，最宜饮浓香型白酒。长江头的五粮液、剑南春、叙府大曲、沱牌酒与全兴大曲等，固然甚宜；长江尾的"三沟一洋"（指的是双沟大曲、高沟酒、汤沟酒及洋河大曲），更是绝配。饮用款款美酒，搭配道道好菜，这种痛快劲儿，不啻是人生至乐啊！

浙宁极品荣荣园

　　袁子才在《随园食单·先天须知》中提到，"物性不良，虽易牙烹之，亦无味也"。接着又说："大抵一席佳肴，司厨之功居其六，买办之功居其四。"这话很有见地，指出了关键所在。

　　男主外，女主内。不仅昔日居家如此，开设餐厅也常如此。"浙宁荣荣园"则不然，黄老板司烹煮，主厨务；老板娘（外号"小山东"）则做采买，跑外场。二人里应外合，各臻其极，使得这家开了二十余年的"中古"餐厅，老顾客频光临，新客人不断来，至今仍"座上客常满"，每天忙得很哩！

　　这家餐厅蛮有意思的，菜单所列固然不差，菜单所无亦多妙品，不懂得其门道是尝不到正港（正宗）的。而且，政商名人除一再光顾外，亦常找其外烩，但真能吃到其精髓的，想必不会太多。事实上，我也是在经过两大"高人"指点并亲品十几回后，才领略到其卓尔不群处，吃得不亦乐乎。

一般人上江浙馆，多半先来个冷盘，视其人数的多寡而单点、双拼、三拼或大拼盘不等。这儿有几道冷盘的菜色还不错，如醉鸡、素鹅等是。如您无酒不欢的话，就不妨另来两道下酒菜，保证勾起食欲，触动味蕾。

咸肉皮爽脂厚肉不柴，在爆香之后，夹青蒜丝蘸醋而食，咸鲜香逸，果然不俗。香辣酥小鲫更不寻常。小鲫数尾，每条切成三段，炸到酥透（骨刺皆然），整块入口，嚼至糜烂，一并咽下，香气经久不散，口感味道俱佳，真是下酒隽品，让人"二犹不足"。

烧鱼鲜当为店家拿手菜，不论河鲜、海鲜，各擅胜场。河鲜部分如红烧下巴、划水、肚、甲鱼，以及干烧鱼头、砂锅鱼头等，大致做得不错，但别家亦能烹至入味，显不出其独到手艺。反倒是海鲜的几样确有不凡造诣，如清蒸八角蟹、青衣红烧豆腐等是。八角蟹即蛙蟹，个大肉细而厚，斩件清蒸细品，滋味鲜美异常，以余汁拌面吃，尤觉清鲜爽口。青衣烧豆腐则嫩腴互见、温润入味，即使牙齿不佳之人，也能吃得津津有味。

料理肉类亦为本店绝活。烤羊排味道不错，尚值一尝，但比较出色的却是须事先订的烤排骨及夹荷叶饼而食的东坡肉。前者整个酥透，排骨应手而脱，嚼来不柴不渣，味醇厚而醇正；后者烂软腴润，夹起仍在抖动，食来不油不腻，果非凡品可比。另，栗子烤鸡腿则滑糯适口，亦是惹味上品。

在时蔬方面，以烤芥菜心最合我脾胃。覆肉汤之后，须文火烤上三个小时，直到皮存其形，而肉已化。吃时，以筷子轻拨，必皮退肉出。小心夹起送口，保证软烂如泥，而且唇齿留香，委实滋味无穷。

汤品亦有佳作。欲尝浓郁味醇的，可点火胴扁尖炖全鸡。如性嗜清淡味长的，则米西双响蛋断不容错过。此味粤菜叫金银蛋苋菜，乃用上汤将咸蛋、皮蛋煨透，上覆去梗的绿苋菜即成。砂锅端出，触目碧绿，乃色香味俱臻上乘的好汤。

点心以锅烧臭豆腐最胜，"香"溢四座。其他像甜藕、春卷、干拌面、豆沙锅饼、煎八宝饭及炸元宵等，亦是不错的选择。其春卷馅特殊，炸元宵味突出，尤值推介。

至于搭配菜色的美酒，则不拘其为黄酒、白酒或果酒，但须择其精者，方能凸显其美。白酒以浓香型较佳，米香型次之。黄酒则以善酿和封缸酒为良。在果酒方面，选一两瓶顺口对味的红葡萄酒即可。如此，必能洋溢菜香酒香，提升用餐情趣。

新店活鱼味清甜

在新店往乌来的路上，景点林立，美不胜收。有的位于道旁明显之处，如燕子湖等是；有的则须从岔路进去才得一探究竟，如蒙蒙谷即是。燕子湖湖面宽广，碧波万顷，好似大家闺秀；蒙蒙谷湖平山青，水波不兴，宛如小家碧玉。两者一开阔，一深秀，实各具其特殊景致。

由长桥进入燕子湖后，转出则是广兴。交界处的土鸡城相当多，以卖活鱼、土鸡及野菜著称。其春韭极美，如值其产季，可点来一试。而赴蒙蒙谷的必经之地则是屈尺。循屈尺路而下，向左转自强路即可到达。就在这自强路上，有一专卖活鱼三吃的食店，虽未悬招牌（名片为周俊义），却食客如织，端的是奇景，颇耐人寻味。

这家食店的外貌，实与一般住家无异，大门口贴"活鱼三吃，欢迎光临"八字，其内可容四五桌。唯假日须先订位，以免向隅。

　　　　　　　　　　　　　　　　　　　　　　　　心知肚明

我初抵此间，应在二十年前，当时它更乡土，连"活鱼三吃"这几个字都没有。十余人浩荡杀来，两桌全坐得满满，直吃到酒足饭饱，会钞（付账）不超过三千。人人叫好不迭，个个兴高采烈，相约下次再来。其价格至今依然不贵，味道始终维持水平，值得各位往尝。

该店所烹活鱼，皆是青鱼（俗称乌鰡），重约七至八斤，可做成三吃或四吃。其做法除头尾煮姜丝汤或味噌汤外，中段以烧炸鱼排、豆瓣、糖醋、清蒸等为主，可依己好任择。清蒸出来的肉紧结，皮爽滑，味清馨，有逸趣。其他的几种，火候亦佳，拿捏得宜，允称佳品。如果人数不多，吃条活鱼，再点个炒地瓜叶（或山芹菜）及锅烧臭豆腐足矣。倘十人左右，还可添白斩鸡、炸溪哥、爆溪虾、炒红菜、小鱼苦瓜、凉拌茄子或酥炸豆腐等。

其白斩鸡选料精、余功好，入嘴清鲜微甜，确为一等一的。时蔬恁新鲜，起镬（锅）即送口，脆嫩真爽口。更诱人馋涎的，则是店家用萝卜干、荫蚵等调配浸泡而成的臭豆腐，不但耐烧耐煮，而且香气浓郁持久，食罢令人念念难忘。

假日的北新路，一向车塞得凶。倘在上午十点之后到此饱啖，饭后可就近一游燕子湖或蒙蒙谷，赶在下午三点前驱车返回，将免塞车之苦。

韩国街有山东味

　　一个人远离故土，"独在异乡为异客"时，最怀念的食物，莫过于吃了十几年甚至几十年的故里风味。这种"妈妈的味道"，一直是游子心目中的美食，想到就流口水，每每难以自己。

　　当年韩国货（尤其是衣服）倾销至台湾时，往返于台北与首尔之间的跑单帮客不少，他们群聚而居，渐而由稀稀疏疏的商号发展成整条街的市集。其中，又以永和市（现新北市永和区）的中兴街最为著名，"韩国街"之号不胫而走。而为了解决这些人的民生问题，一些韩侨就开小餐馆供应饮食，聊慰他们的思乡之情。而在这些韩侨里，又以由山东省迁往朝鲜半岛的居多。他们原本就保留住自家的风味，没想到来台湾后，又间接地把传承中的山东口味带来。这既为历史作了见证，也成了文化史上的有趣现象。

　　起先在这里经营小吃的餐馆有好几家，现口味正宗而硕果仅存的只有"刘家水饺"。

"刘家水饺"经营有年，除面点外，亦卖烧鸡、炒菜及手工糕饼，由父子两代合力经营。他们原为山东威海卫人，后为了生计，搬往首尔住了三十年之久。自来台落脚生根后，便开了这家小馆糊口，把胶东故里的口味，一一地呈现出来。

　　山东的烧鸡一向有名，其中最为人所津津乐道的为德州扒鸡。店家的烧法应源自德州，此为金朝宫廷"上馔"冷羹的一脉传承。其古法乃先将全鸡去内脏煮熟，切块堆于盘内，再加姜、葱、醋、韭汁调和而成，吃时连汤同上。此菜在北方的高级餐馆早已不见踪影，唯一些乡野的农村犹存古风。只是他们虽吃法袭古，但已做些许改变，改以手撕熟鸡加黄瓜、粉皮同醋汁浇拌，充做一道冷盘。虽曰四时皆宜食，仍以炎夏吃为佳。

　　其烧鸡肉酥透软柔、松嫩腴美，我常戏称其鸡胸肉比别家的鸡腿还细嫩。这烧鸡纯用手撕，下垫小黄瓜，浇淋蒜醋汁，再撒上些香菜即成。吃罢，余汁莫轻弃，水饺蘸此吃，滋味一级棒。

　　水饺当然是镇店之宝，其皮起先薄似馄饨，现则一般厚薄，其滑赛过芙蓉（蛋白），其馅满实香润，保证入口馨逸，虽仅韭菜猪肉一味，却能化寻常为神奇，诚一款不可多得之精品。店内现偶卖起鱼饺，颇受顾客青睐。此外，其面点亦有独到之处，种类有炸酱、炒码、大卤及香菇鸡丝等，各具风味，无一不美，但以前两种最受欢迎。其炸酱面尤值推荐，除每碗的浇头必现炒外，食材的内容亦颇丰富，有虾仁、花枝、洋葱、豆酱等，"众香发越"，铁定不同凡品。

　　除前述的两味外，少东家刘德纲的小镬（锅）炒菜亦甚可口，深获我心。这些菜中，又以干烹虾、干烹肉、辣椒肉、葱爆牛肉和虾仁烘蛋最有吃头。干烹的肉质弹爽适口，很有特殊风味，唯干烹肉在制作上比较耗时费工，店家每以烧制不及甚少承应此菜。此时，他会推荐颇有嚼感又辣得过瘾的辣椒肉，若不怕辣的话，正可大快朵颐。另，虾仁烘蛋最是平常不过，要烧得出色，却戛乎其难，诸君一试店家手艺，便知吾言不谬。

刘老爹年逾古稀时，身手依然利落，除制饺皮外，亦做手工糕饼。其制作的桃酥，松绵酥糯，好吃极了。直接吃固然不错，但用小碗盛两块，取开水直接冲，以覆饼为度，再把碗盖上，焖个十分钟，捣烂再送口，不啻核桃酪，滋味很不错。寒冬来一碗，暖意上心头。此外，像抓果和原味小蛋糕等小点心，遵古制作，原味再现，妙极。然而，老爹现近百岁，早就歇手不做，昔时一些美点，现也只能空追忆了。

以往每年中秋前后，店家不再供应面点菜肴，专门制作鲁式提浆月饼。其馅只有八宝、豆沙、莲蓉及枣泥四种，但从制馅（炒锅枣泥要花一个多钟头）、烘烤到包装，全是自家动手，生产自然有限，如不早先预订，必然徒呼负负。这月饼真材实料，没有添加任何防腐剂，但因整个烘透收干，即使不摆冰箱冷藏，常温放一两月也不会坏。尤令人啧啧称奇的是，它的风味经久不变，脆爽松绵如初，食来齿颊留香，好到出人意表。

这家北方小馆并不甚大，仅容个四五桌，谈不上什么装潢与规模，但因手艺不俗，且保留了传统的风味，极受山东乡亲的喜爱。据说有一位住在天母的老先生，每个礼拜必抽空到永和，其目的不外尝些烧鸡和水饺等解馋。而这些即将消逝的味道，对他们这些老人家而言，不啻一口一乡情。

后记："刘家水饺"自美国归来后，搬往中兴街，店面临街上，较前大了些，装潢也好了些。规模有扩大，人潮仍不止。比较遗憾的是，自二〇一三年起，其已不再制作提浆月饼，徒令饕客扼腕太息。

江浙美味在永和

　　主政者的"里味"，常会影响菜系的兴衰。民国中晚期，宁波菜当令；改革开放之后，川菜和沪菜相继走红，江浙菜也不甘落后，扬眉吐气。

　　目前在新北市永和区大陈新村附近的文化路与保安路，便各有一家顶尖的上海和江浙小馆，老板都出自该村，唯做法与菜色不同。"上海小馆"乃大厨身段，能治大菜；"江浙小馆"为家厨手艺，擅长里味。但从令人吃罢仍意犹未尽这点来看，二者倒是无分轩轾。

　　"冯记上海小馆"位于文化路的小巷内，开店近二十年，起先名不见经传，现则名扬两岸。一提到冯老板，更是圈内名人。他在习得好身手后，曾在"状元楼""天吉楼"等处当主厨；后赴美发展，在纽约长岛、波士顿、洛杉矶等地的中国餐厅担纲。返台之后，其不欲寄人篱下，只好自立门户。而今因势利导，"冯记上海小馆"成为永和地标。其菜仍有旧时风味，以味重色亮见长，不仅沪菜烧得好，川菜也得其精髓。已故食家逯耀东经常到此光顾，而且乐此不疲呢！

其小菜、冷盘全不马虎，妙味纷呈。小菜如葱烧小芋头、苦瓜小鱼干、油焖笋干等甚好。冷盘则以腌鸡、夫妻肺片及醉蟹最善。或单点，或双并，或三并，都无不可。腌鸡皮脆肉爽滑，确属上乘；醉蟹清隽，不同凡品；夫妻肺片，辣中带清香，特别惹味。

几味小炒，像回锅肉、油豆腐鸡和宫保鸡丁等，无一不是隽品。红烧下巴是上海拿手菜之一，但要烧至鲜嫩入味极难，放眼整个台北地区，能及其水平的，倒没几家，错过可惜。此外，其醋熘鱼亦妙，大者如醋熘海口鱼，形完肉细，确实是好。而新近推出的醋熘鲨鱼煲，尤其正点。味酸而醇厚，鱼细且嫩滑，入口即化，堪称一绝。

在其他鱼鲜方面，"冯记上海小馆"更是佳肴迭出，让人眼花缭乱。清炒的鳝糊、虾仁即是一例。鳝糊全是鱼、姜丝，嘶啦一声，趁热快食，妙极；虾仁只只壮硕，细爽适口，颇佳。最具代表性的则是虾子大乌参与螃蟹粉丝煲，前者腴烂够味，有上海正宗老店"德兴馆"余韵；花蟹与粉丝共煲，味尽融入粉丝中，夹起吸尽纳腹，滑顺够味，潮、粤菜馆能及其水平者，几希。

豆腐亦有佳作，以小黄鱼豆腐最合我胃口，其次才是东洋鱼豆腐。砂锅菜亦佳，除须预订的砂锅腌鲜及随时都有的白菜、豆腐外，以糟钵头最有吃头。这个以猪内脏入馔的上海老菜，早已在宝岛失传，却能在这儿尝到，真是个意外之喜。整钵鲜香惹味，是大补的上品。据说纵横十里洋场的大亨黄金荣、杜月笙都嗜此味，还少此不欢哩！唯这菜相当费工，如未先预订，势必会向隅。

猪肉菜是这里绝不容错过的珍馐，诸如无锡排骨、走油肉、腐乳肉及肴猪脚等无一不佳，我个人的最爱则是腐乳肉。此菜系先将大方块三层肉走油并煮到熟透再切片而食，其上浇裹馨逸鲜甘而不咸的红腐乳汁，外皮软腴而滑，肥肉油而不腻，瘦肉烂而不柴，的确出人意表，好到无话可说。另，新推出的"冯公肉"，尤为上品。

压轴大菜为芋头鸭和老鸭煲，最耗时、最耗力，亦最惹人馋涎。整只肥鸭在砂锅正中，周边为小芋头（有时用大芋头切片），其下为鞭尖笋。精华悉入芋头内，松透润糯；汤汁甚隽，清而不浊，香且不糊；鸭则酥烂立化，诚妙不可言。

末了，其扬州炒饭清爽而香，得正统风味，可点来一尝。另，上海式的炒面"两面黄"香脆酥糯，相当入味，非大馆可及。梦幻煨面至佳，保证全台第一。看来一次是吃不完，且须兜着走哩！

而位于保安路、原名"江浙小馆"，现已未悬招牌的小馆子，则是由张小娥治馔。她所烧的菜，全是家乡口味的家常菜。主食以炒鱼面、宁波炒年糕和茶姜面等最好；菜肴以蟹黄炒蛋、醉螃蟹、乌鱼蛋、红烧小黄鱼、炒芹菜鱼肚称妙；至于汤类，则以鳗鱼汤最脍炙人口。其确有独到之处，允称小店妙手。

鱼面来自大陈新村内的"周记"，年糕亦然。此鱼面尝的是口感，以脆韧带爽著称。其年糕则选用大条的，比起一般的实壮硕得多。先切成细条，再下溪虾、葱花、金针、肉丝等八味，以大火快炒，颠几下即起锅，吃来糯爽耐嚼，味道相当不俗，比起用雪菜肉丝或白菜肉丝炒出来的年糕好吃不知凡几。唯对齿力不佳的人而言确是一大考验。若不幸而如此，还可以吃用以妇女生产后补身的茶姜面。此物大补，甚宜冬日受用。

菜肴则取自当日市场所采买到的食材，以新鲜为主，再加以变化，时时更换，日日不同。她的醉螃蟹，是我目前在台湾所吃过最棒的，东西新鲜不说，各味协调适口，充分挑逗味觉，是其拿手绝活，保证值得老远跑来。但这味可不是天天都有，如市场的蟹不够肥鲜，她是绝不供应的。乌鱼蛋够咸够糯够香，是佐酒下饭的妙品。而红烧小黄鱼、煎鲳鱼、蟹黄炒蛋及各式时蔬等，虽很平常，却有至味。其中，芹菜炒鱼肚尤其惹味。

另，海鳗肉所制成的鱼丸，微灰带黄、鲜嫩弹牙，此汤甚朴实无华，倒使人回味再三。不过，既来此用餐，最宜以店家自酿的老酒配菜，此酒入口酸冽，侑酒可淡可咸，小饮两三杯，可深得个中三昧。

这两家小馆，不但菜烧得出色，其价钱亦不昂贵，真可谓高质量、好口味而低消费的好去处。

溪洲楼之河鲜佳

石门水库由大台北地区前往，距离并不甚远，从北二高的龙潭交流道下去，不久即至，相当便捷，绝对是周末一日游的好去处。

水库的大坝附近，有龙珠湾等游乐区，适合阖家同去。倘欲多亲近大自然，开车沿着水库绕一圈，随己游兴进止，饱览湖光山色，亦为不错的选择。只是在畅游之后，又该去哪里打打牙祭，吃得美味又满足呢？

这里以活鱼三吃著名。这是由石门水库管理局附近的市场所发展出来的吃法，早就风靡一时。其中，又以"南园"的传统烧法最为人所津津乐道。其后，因四方游客在假日拥至，当地的居民遂选择交通便利、停车方便之处，纷纷开起活鱼餐厅来，像"石园""磊园""乡园"等便是。现该区活鱼餐厅已不下二十家，蔚成一特色景观。

然而，在假日家家客满、一位难求的情况下，水库的活鱼根本供不应求，早已改向中、南部地区批货。这些鱼虽活蹦乱跳，却并非当地特产，加上来源不明，终究吃起来不太放心。况且这种供应观光客的粗食，毕竟不是真正的美食呀！

幸喜在十余年前，这里濒临大汉溪的僻静处，悄悄地开了一家"溪洲楼餐厅"。它货源供应无虞，而且保证新鲜，加上饲养手法特殊，竟能化腐朽为神奇，使福寿鱼变为席上之珍。

福寿鱼即吴郭鱼，原是有名的廉价鱼，早年有些地方以"米田共"喂养，致大众闻此鱼则色变，无由进入美食殿堂。本店出产的则不然，乃是在大池中喂饲料，放小池中喂米饭，故颜色淡绿中透灰白，感觉晶莹剔透。看着这些鱼在水中优游、得其所哉的模样，实在猜不出它们居然是吴郭鱼。而在品尝时，条条斤把重，做法多变化。可葱油清蒸，软腴爽滑，清甜而香，令人回味不尽；可抹盐而烤，除鱼头外，外观似雪，洁白隆起，于轻掀鱼皮后，鱼肉浮现，色美而亮，原汁原味，极为甘鲜，而鱼头下垫的蒜瓣，尤其可口。最可贵的是，将之做成鱼卷，先将肉起出，裹以香菇丝、姜丝，再用海苔扎好，旁置翠绿丝瓜片，下垫薄片嫩豆腐，鱼卷则环鱼脊骨排成两列，鱼头剖半对分，模样十分讨喜，滋味特别馨逸。整块夹起送口，然后饮其鲜汤，在此炎炎夏日，立觉暑热全消。只是这菜相当费工，必须事先预订。

乌鰡（青鱼）为养殖鱼上品，可长至十斤以上。这儿的豆瓣和糖醋等烧法，口味大致不错，较诸凡品为高。但更吸引我的，则是鱼皮煲和蒜苗炒秃卷。前者乃将鱼皮片起，与炸过的乌蛋、油泡的蛋酥（状似肉松，很有嚼感）、大白菜、金针菇等同煲，料多而透，汤汁清隽，着实不赖。至于秃卷（鱼肠）则甚爽脆，吃在嘴里咔咔有声，甚受欢迎。此外，其鱼头锅有七种口味，想吃到浓汤美味的话，得事先订妥。

如想有另类收获，可就近前去龙潭买其名产红泥软花生糖。其口味甚多，诚为一款送礼和自食的好东西哟。

新埔古宅访美味

桃园、新竹、苗栗的客家地区，重视传统文化，保留了不少古迹文物，很值得拨冗前往凭吊、缅怀。

其中之一的新埔镇上枋寮里刘宅，是有名的古迹。本宅创建于清乾隆四十六年（一七八一年），建筑物坐北朝南，祖堂因有前后堂，亦称双堂屋。曾于一九一九年重修，增建左右各三栋长形横屋，大小房间共九十九间，建地面积约七千平米，乃客家地区乡村古屋之典型。祖堂内有渡台先祖延转公夫妇之遗像，其当年携来之一只竹篮被置于神案上，以示子孙永不忘本。

此宅乃三合院建筑。宅前除家祠外，亦有广平之晒谷场；宅侧小道尽是竹林，青翠可人，清风微拂，枝叶摇曳；宅后祖坟甚宏，布局精妙，颇有看头。流连其间，乐而忘返。

看罢古迹，亦有觅食佳所，乃蒋氏父子皆曾莅临用膳的"日胜饭店"。

这家小店本无店名，竟能赢得蒋经国先生三度到此品尝，足见非同小可。归究其原因，即在其粄条用料实在，绝不掺粉，并且用井水制造，因而绝无异味。由于盛名远播，四方赶来寻味者，大有人在。

粄条因煮、炒方式不同而滋味有别。一般而言，以汤煮的较能吃出原味。同时，尝汤煮的，亦无须另外点汤，似乎比较划算。有的人则是一次吃个够，一煮一炒，同纳腹中。据说蒋经国每次前来，都是如此品尝。

"日胜饭店"除此绝活外，还供应甜不辣（亦称炸肉）、炒山蕨菜（俗称过猫）、姜丝炒大肠、冻粉肠、冷盘猪颊肉与酸菜猪血肚片汤等大众吃食，手艺尚称不俗，生意确实是好。其中又以猪颊肉和甜不辣功夫最好，能令饕客大饱口福。

前者是猪头整个熬煮三四个小时后，起出既透且脆的猪颊肉，切块蘸佐料吃，滋味很不错，食来别有风味。而甜不辣亦选煮透的大块猪头肉裹粉软炸，切成薄片后，再蘸椒盐享用，味道真的好，只是要小心别超过量。等菜吃完后，叫碗清香味鲜的酸菜猪血肚片汤，颇有去腻回甘之功。

本店自上午九时开始营业，一直做到晚上七点半，中间不休息，享用很方便。但它每个月的阴历初三及十七歇业，千万别扑空了。

晚秋时节，柿干当令，阁下若想尝此当地名产，从刘宅到"日胜饭店"的这一段路上，沿途都有兜售，只要信手买回，便可饱啖一番。

新福善烹客家菜

东江菜俗称客家菜，向与广府菜、潮州菜齐名，是粤菜的三大主流之一。唯前者朴实无华、简单家常，与广用昂贵食材、争逐奇珍异味的后二者，在价钱上或铺排上，不但大异其趣，且有天渊之别。原来客家人世居中原，自五胡乱华后，相率播迁南方，不断流离失所。在经历苦难岁月的洗礼后，他们养成了刻苦耐劳、团结互助的习性。其反映于饮食上，则是粗料细作，寓平实于日常之中。同时，为干粗活和谋一饱，更是油重味浓，以利配饭。

其先世东渡来台后，因平原沃土已尽为闽南人所有，乃转向丘陵地开垦，在自食其力和就地取材下，形成了特有的食风与菜单。其中又以桃园、新竹、苗栗地区的最具代表性，欲尝真滋味，宜向此中寻。

竹东是一山城，邻近北二高，客籍人士颇多。在其历史悠久的商华市场、商华街内，竟有两家开了近半世纪的老字号饮食店，比邻并列，年代相侔。较早的那家是"清和"，稍晚的那家是"新福"。两家都是老人家挂帅，蔚成奇观。前者由老太太率队，场子较大；后者则由老先生领军，菜肴较精。可谓各擅胜场，各具特色。

比较起来，"清和"的客家咸汤圆和猪头肉切片稍胜一筹；其他就看"新福"的拿手绝活了。老板陈福鉴先生烧菜，一向不假手后生（他们只做炖煮、切盘与外场）。每盘煎炙炒炸的菜，都是自己仔细做，慢条斯理、一丝不苟，故能不失火候，道道精彩。

首先就从炸小鱼和溪虾说起，这种平凡的乡野小食，到了老先生手里便能麻雀变凤凰啦！其酥香脆美，自不在话下，令人叫绝的，竟是尝得出鱼香味，这手功夫，就不光只是物鲜料美即办得到的了。

炸香菇肉亦是好菜。香菇内镶的肉，甚为考究，做工细致。炸出来后，菇香与肉香交融，腴润滑美世无双，非高手无此功力。另，炸肥肠、炒粄条、炒蕨类、炒牛百叶（牛胃）、炸酿豆腐及炒生肠等乡间寻常食材，都在其妙手下一一呈现出不凡滋味。

特别值得一提的是姜丝炒大肠与芹菜鱿鱼。这种平凡菜我经常过口尝，但做得好的屈指可数。其姜丝炒大肠，汁酸适口，韧中带弹，嚼后能软，咽下回香，堪称妙品。在此告诉诸君一个独门秘方，若菜点得太多，无法当场吃掉，可将此盘沥干打包，当成口香糖，沿途信手送口，铁定嚼得过瘾，羡煞同行诸人。芹菜鱿鱼颇似客家小炒，不以味厚取胜，反而清馨香逸，入口不柴不渣，配饭下酒皆宜。

此外，店家的白斩鸡、鸭肉皿，均原味呈现，别有乡食情趣。红烧猪脚亦不俗，火候恰到好处，令人食指大动。末了，其酸菜汤相当适口，有刮油去腻之功，分成三层肉、鸭肉和肚片三种。我独钟三层肉，食罢生津充肠。

在这儿点菜甚易，外场无暇照应时，只要领取菜单，自行打钩即可。难的是等菜上桌，假日尤其如此。陈老先生宁可桌子空着，也不随时承应。这种重视菜色、坚持工序的古老传统，似与时下求速求简的商业气息渐行渐远了。

在此享用纯朴的客家菜，若用价昂的美酒，显得不太搭调。反而喝个金门高粱或清香玉露、五加皮、红露酒及参茸酒等将更为顺口合宜。其菜廉而美，将永铭尔心，必再想去光顾。

而今陈福鉴年事更高，已届九十高龄，早在几年前就交棒给媳妇吕瑞员。她保留了传统菜色，并在微调之后做了一些创新，博得食客好评。如此传承下去，必可光前裕后，永远立足食林。

鹿港品享好虾丸

鹿港是台湾早期的商业重镇之一，舟楫密布，人文荟萃，向与台南及台北万华齐名，号称"一府二鹿三艋舺"。唯自海运勃兴之后，它已日渐凋零，繁华不再；然则商机虽逝，其仍留下丰富的文化遗产。

一般观光客游鹿港，无非是赴天后宫礼敬妈祖，然后在附近的店家尝蚵仔煎、蚵仔汤、炸虾猴或虾丸汤等，走的时候，则就近买些牛舌饼或咸蛋糕等特产。只是这种类似进香团式的玩法，深为真正的玩家所不取。因其既未看到精致的古建筑，又未尝到真正的好滋味，枉到此走一遭。

当地的龙山寺乃台湾三大古刹之首，亦为台湾目前保存最完整的古代寺庙。龙山寺的建筑艺术，备受海内外专家学者推崇，其因而被誉为"台湾之艺术殿堂""中国建筑学之宝"。另，这座仿北宋官殿式之建筑，除古老外，更以规模宏大、建筑巍峨著称，加上古朴、幽静、庄严、雄伟兼而有之，故有"台湾紫禁城"之美誉，实在值得游人到此一探究竟，领略鹿港胜境。而且在游罢龙山寺后，更可随兴散步，直趋"摸乳巷"里回旋。

就在距离龙山寺不远处，即有一家初名"丽香堂"，台湾刚光复时叫"永香食堂"，后再易名"永香民俗小吃"，今则是悬招牌的郊店（乡间食堂）。这家已经三代、近一世纪的历史小吃店，鹿港人称其为"永仔"。以沙虾制成的虾丸汤和以特殊手法制作的卤肉饭，堪称镇店二宝。其卤肉饭虽然顶尖，但宝岛各地做得好的毕竟不少，相形之下，不算突出；但纯手工制作的虾丸，则因别人没得比，质量独步全台。

永仔虾丸的做法系将新鲜的沙虾于剥壳、去背上黑线及剁碎成泥后，再掺入少许盐、猪油，用手捏成拇指甲大小，放进滚水煮过，一浮起即捞出，俟其凉透，摆在冰箱冷藏，于吃前另加上骨头汤、芹菜末或香菜即成。而此虾丸亦可买回家里，置冰柜内贮存；想吃的时候，取出解冻，即可做一锅佐饭下酒的好汤。此外，店家亦有卤大肠、舌边肉、炸鸡卷及香肠熟肉等食品，可切碟下饭，其趣真无穷。可惜的是这家食堂只卖中午时段（上午十点半到下午二三点之间），您若太早或太晚跑去，必将向隅而叹或败兴而归。寻访古刹、吃古早味，这种漂亮组合，铁定是寻幽览胜之完美句点。

随意食堂饶野味

南投县居台湾之正中，境内名山耸峙、秀水萦绕，风景名胜颇多。当阁下在畅游热门景点集集火车站和水里蛇窑等后，何不驱驰在绿色隧道下，就近直奔名间乡的"随意食堂"，恣享一顿丰富的美食呢？

二十余年前，我初抵这儿，但见是一个很不起眼的木造破旧房子，其最引人注目的，则是宅前停满了高级轿车。进得门内，不禁好奇地游目四望，里头陈设简陋，摆着七八张木桌。此时还不到正午，居然坐满了客人。这天并不是星期假日，尚且这么拥挤，那么放假时来，岂不大排长龙？事实上，这可一点不假，因为不少远道（主要是台中）而来的食客，为了吃顿可口的饭菜，竟然肯开上个把钟头，且有时等候的时间也相当长呢！

几年之后，老板发了财，盖了一栋三层楼房，内外可容三十大桌，营业时间照旧，从早至晚，中间不休息。店内天天高朋满座，人潮始终不止，真是乡野一大奇观。

店里的第一好味是三杯蒜鳗。一大锅端出来，锅子乌漆麻黑，里面是河鳗切段、带皮蒜头与九层塔，黄、黑、绿、白相间，颜色古朴好看。这种三杯烧法原无特异之处，妙的是蒜头松润软糯，透到入口就化，比口感较肥腴细嫩的鳗肉还棒，常在一眨眼间，便被扫空。难怪这道菜点单率奇高，几乎桌桌一盆。光点此一尝，即不虚此行。

其次为爌肉笋。此菜系将整大块五花肉先行炸过去油，再放入锅内焖烂，皮弹脂滑肉不柴，配上吸饱油汁的桂竹笋而食，更是好得可以。若嫌其油腻（实际上不会），可与烫过蘸料的猪母菜或烤、煮过后的美人腿（茭白笋）一块儿落肚，保证甘嫩适口，所有味蕾齐放。

南投盛产槟榔，槟榔树处处可见。半天笋（槟榔心）极多，嗜食者甚众。将其切片（别地多切丝）与猪肉片同炒，尤其鲜脆爽口，非常下饭。以此煮肉片汤亦好味。只是原本不吃槟榔者，却一下子吃很多，就可能摇头晃脑，老是昏昏欲睡哩！

店里之菜蔬，多由彰化的田中供应，当天运到，质佳味鲜，用来以大火快炒，味道相当不错。以南投名产狗尾草（本名莠，据说能开胃、健脾及退火）炖鸡，汤头鲜清甘润，有其独到风味。亦可选择汁浓味醇的味噌鲑鱼肚汤，两者一馨逸一醇厚，皆是汤汁佳品，甚宜饭后享用。

"随意食堂"的好菜不少，但想尝多少，就随君意啦！

凭吊古墓啖害虫

来到嘉义县，最有看头的古迹之一，当属位于六脚乡双涵村的王得禄之墓。

王得禄，今嘉义县太保市人，祖籍江西。林爽文起义时，曾随总兵柴大纪收复诸罗（嘉义），改调水师后，以平定大海盗蔡牵有功，诏任浙江提督，并封二等子爵。道光十八年（一八三八年）加太子太保衔（里人遂称该地为太保），卒谥果毅，为清代台籍人士中的佼佼者。

此墓堪称宏大雄伟，占地二公顷余。墓碑后筑有墓岸，墓手向两边伸展，两侧依次立有龙、凤、狮、象四根石柱。墓埕外左右，各有一列石人、石马、石羊、石狮等八座。

访罢古迹后，想尝新寻异，可去距此半小时车程的鹿草乡"和乐食堂"，把有碍农作物生长的"害虫"纳入腹中，恣意享受。

第一种害虫是"肚猴"，店家有盐酥、蒜爆、生炒和香酥四种做法，以香酥烧出来的最为脍炙人口，脆中带松，嚼之有声，是下酒的妙品。而第二种害虫，则是"田鼠"，鼠则来自南靖、岸内、乌树林等三个台糖公司农场，既大且肥。老板虽号称能做十二吃，但经常供应的，只有三杯、清炖和古早味三款，其他如葱爆、生炒和盐酥等做法，则须预订才吃得到。

三杯田鼠是用麻油、辣椒、米酒、蒜头及姜片等材料烧成，味厚而重，甚宜佐酒；而做成清炖的，由于药味（用四物等）掩鲜，无法领略本味，只适合充食补用。老板个人最推荐的，反而是古早味，以麻油、酒作汤底，再下面线，用砂锅盛。汤汁固然不凡，鼠肉香甜尽出，细致味美，腴滑无双。

原味鲫鱼（此鱼扁身而带白色，肉嫩而松），不愧名菜。先用盐水烹蒸，不放葱、姜、米酒，纯然欣赏原味。其肉质细嫩，一味鲜甜，口感真棒，深得我心。若怕刺多而吃不来，亦有麻油酒田鸡或白切野水鸭等可供选择，味醇鲜美，各有风味。

想吃别的飞禽走兽，店家亦有数种，以香卤山猪皮、葱爆竹鸡及红烧猪肺等著称。山猪皮弹而爽脆，伴青蒜丝蘸佐料吃，很有咬头；葱爆竹鸡香而隽永，细嚼而味更出。但这两道菜都较考验牙齿，齿力不佳的人，只能点食猪肺，其爽滑而软嫩，颇能大快朵颐。如欲吃时蔬解腻，生炒柳松菇极脆，堪称隽品。至于南瓜炒米粉，更有独到之处，不尝就虚此行了。

店家亦自酿甘醴，以青肉乌豆酒最特别，先把当归、黄芪、冰糖和乌豆放入米酒头中浸泡四个月后再行酿制，色褐味浓，很好上口。唯切忌频频干杯，因容易口干舌燥。如果自行开车，万万不可贪杯或酒驾，最好信手买回，在家慢慢消受。

外国安品虱目鱼

　　虱目鱼称得上是台湾特有的养殖鱼种，早在明郑时期即是人们常吃的珍品。随着科技进步，养殖方式已分盐、淡水两种。南台湾是此鱼的养殖重镇，鱼塭千顷，波平如镜。早先流行在鱼塭边钓鱼，近年则多流行在其旁赏鸟，两相结合，已是绝妙的休闲去处。但有个地方，不仅具备此二者，而且擅烧虱目鱼全餐，更是令人惊艳的好所在。此即名噪全台的"外国安虱目鱼料理"。

　　此地位于台南市七股区的龙山里，沿路均有路标，大致上不难认，关键处在须于下山仔寮渔市场边右转。不然，只要一步错，必前途茫茫，搞不清方向。

　　本店的老板陈俊雄（绰号"外国安"），并非科班出身，但自其投入虱目鱼料理的研究后，前后已开发出近百种新颖的烧法，因而声名大噪，有口皆碑，奠定其虱目鱼料理之王的崇高地位。远道来此用餐的人，夏日最多，冬天绝少，时值初秋，人潮不多，鱼仍肥美，最是合宜。一般人抵此，多食配好的，随到即随吃，开价不甚昂。其风味虽尚可，但终究粗了些。如果懂得门道，不如多花点钱，吃些精致菜色，才会不虚此行。

其鱼排的做法，以蒜汁大火清蒸（下垫大蒜，整个蒸透，蒜绵软而肉滑嫩）、红烧（先行酱渍，香透肉内，甚是有味）、软炸（两侧裹地瓜粉，入锅炸透，爽脆非常）这三种吃法，最负盛名，嗜食者不少。而鱼片的烧法，或以芹菜炒，或与面线煮汤，都有其特色。但最让人印象深刻的吃法，则是用鱼片与马铃薯丁、胡萝卜丁、鲜虾仁等一起蒸蛋，其味甘而鲜，唯相当费工，想送入口中，得事先预订。另，其鱼皮、鱼肫俱佳，只是价钱并不便宜，想吃稀罕的话，倒是可试试这两种截然不同的脆感。

此地的虱目鱼生鱼片，保证全台第一。其做法乃先行摘油、去皮之后，以冰镇之，然后以大菜刀斜割细切，肉片极薄，鱼刺尽去。放在盘中，其形状与色泽酷似洋芋片，入口软绵而糯，甘甜且带鲜润，滋味一级棒，须臾即抢光。倘不事先订，绝对吃不到。

至于鱼头、鱼皮、鱼肝、鱼肠、鱼肚等物，皆有其独门手艺，样式颇多，甚有吃头。此外，店家的豆瓣小鱼和盐水吴郭鱼，由于料极好，亦甚有风味，烧法有煎、炸、豆瓣及姜丝等四种，可随己好任择。

本地为三合院建筑，鱼塭占地四十甲（甲为旧时台湾地区土地面积计量单位，1 甲 = 0.9699 公顷），吃与玩均佳，足让阁下消永昼与长夜也。

香乡野味有真趣

俗话说"靠山吃山，靠水吃水"，那么，具有山水之胜的所在，自然是山产、水产通吃了。地近曾文水库的六甲，就有不少郊店，专售水库内和附近养殖场所提供的物产。不过，在此要声明的是"地利不如人和"，距离愈接近水库的，并不保证食材愈新鲜。反而是人气旺的店家，才会不断补充新货，让人吃得安心，补得放心，一再想去大快朵颐。

位于六甲邮局后的"香乡"，虽然有店面，亦赴外办桌，但并未印制菜单，而是将其写在墙上。想吃稀罕的，自个儿往冰柜或水族箱寻觅。基本上，各郊店的差异在于其口味和新鲜度。如果货源绝对鲜活，口味奇正互用，再加上手艺够水平的话，不嘉宾满座才怪。"香乡"由于具备以上的几个条件，故能独树一帜，吸引各路人马。

曾文水库的曲腰鱼，细腻滑腴，不论清蒸、红烧，全能显现特色，引来不少食客。店家则别出心裁，舍弃豆豉、青葱，改以酱渍凤梨和鱼一起用猛火蒸，醇厚醇香，吃来格外有味。只是南部人近年来嗜食笋壳鱼，已不时兴吃曲腰鱼了。

笋壳鱼盛产于湄公河流域，以老挝为出产大宗。早先有人引进岛内养殖，因经济效益不佳而作罢。不意有些笋壳鱼游入水库，竟尔自行繁衍起来。此鱼大头阔口细鳞，肉最松嫩，煮之、煎之、蒸之俱可，以一至二斤重最为理想。大火蒸透了吃，肉质极为细嫩，口感爽中带腴，顿感鲜香满嘴。食罢，以残汁拌饭，更是滋味无穷。此际，配以酥炸的溪虾、肚伯（蟋蟀的一种），洋溢乡土情趣，真是一大享受。

鲈鳗因濒临绝种，一度被列为保护动物，禁止猎杀贩售。唯今日之科技日新月异，现在已能大量养殖，不但供货源源不断，而且到处都吃得到，似乎不那么稀罕了。一般所卖的鲈鳗，很少有超过十斤的，店家则广为搜罗，以物大为美（鱼大则胶质厚）。但一条一二十斤的大鲈鳗，实非等闲，须好几桌人共享。这时，得先面议其部位，如果谈不拢，抽签定口福。

内行人喜吃鱼头和内脏，头取其胶质多而厚，内脏则口感脆而爽。其中段的肉，店家主要是做两吃，一是清蒸，一是以枸杞、黄芪料酒煮汤。清蒸的皮脆肉弹，嚼来十分痛快，但须趁热快啖，不然皮就坚韧难咬了。煮汤的则皮腴肉爽，口感相当特殊。内脏的烧法，亦同于煮汤。鱼肝的嚼感最合我脾胃，绵爽软腴兼具，只恨数量有限，无法尽情享用。鲈鳗生命力极为顽强，是最为滋补的水产之一，一两价值一百元以上，真是贵煞人也。

炸蜂虾亦是本店的招牌名菜，以虎头蜂最贵，也最有吃头。蜂虾包含蜂蛹与幼蜂在内，制作时，先以大蒜薄片爆香，然后用旺火将蜂虾与葱花爆炒，上撒胡椒而成。幼蜂食来香脆，蜂蛹则很软腴，既是下酒珍品，亦是滋补圣品。另，焖酥小鲫亦是妙品，骨头尽酥，卵硕而香，肉嫩而细，可由腰、背吃起，而止于头、尾。细嚼慢品，滋味尽出，好生令人难忘。

在此用餐，以配制酒来下菜最佳。如能饮北京的莲花白或烟台的味美思固然最好。若一时弄不到手，则台湾出品的竹叶青、五加皮、玫瑰露酒及红露酒，亦是不错的选择。末了，须注意的是，这些酒甚易上口，后劲十足，酌量饮用，适口温肠；一旦贪杯，后患无穷。

味香有活鱼八吃

位于高雄的佛光山，不仅是佛教的重要圣地，也是著名的旅游胜地，建筑宏伟，腹地广袤，足供半日或一日之游。这里亦供应斋菜，想图个一饱，绝不是问题，但想品尝美食或吃点特别的风味，似乎得移驾他处。同位在大树区，且距此并不太远的"味香山海产店"，倒是觅食佳所。

以往从佛光山往旗山的方向行去，只见一路（钟铃路）上卖活鱼和山产的饭馆甚多，将近有十家，生意全不差。唯在强烈的竞争下，适者方能生存，目前剩不到五家。而在这几家里面，又以"味香山海产店"的口味最棒，香客与游客争相拥至，经常挤得水泄不通。

"味香"虽打的是山海产旗帜，实则其山产与海产均乏人问津，徒具其名。那么众多的顾客又吃些什么呢？原来此店能做活鱼（河鲜）三十六吃，做法五花八门，菜色匪夷所思，让人眼花缭乱。

不过，客人们并没空逐一品尝或轮番试味，于是满足众生的制式八吃便应运而生。它既简单又可口，食客可随到随吃，吃完即撤。自上午十一时起至晚上十一时止，中间不休息，好像在吃流水席一般。幸好它的口味未因速快而变质，价钱也不会因人数多寡而增减。宾主两便，皆大欢喜。只是若想大膏馋吻，人数得多些，不然，吃不完再兜着走，风味必然大为逊色。

这一个乡野小店，其能响遍南台湾，并非技巧过人一等，而是懂得融入西式做法，因而别致突出，显得非比寻常。

其制式一鱼八吃中，最先打头阵的，必是生鱼片与拌鱼皮；最别出心裁的，应是海苔鱼片卷、黑胡椒鱼排和鱼片起球蒸蛋；而最饶风味的，则是渍凤梨蒸鱼排和味噌鱼骨浓汤。其鱼生与拌鱼皮是潮州式吃法，前者甜脆带甘，后者鲜爽适口，均有开胃生津之妙。而海苔鱼片卷、黑胡椒鱼排和用洋火腿、胡萝卜、马铃薯等切丁与鸡蛋合蒸的起片鱼球，融汇东、西洋，各有其风味。尤其这三者在剔净鱼刺后，老少都易上口，好吃而且营养。另，取高屏地区特有的渍凤梨来蒸鱼排，既够味爽口，又别开生面，颇富地域色彩，北部较难吃到。

那锅熬得色呈米黄、鲜香特异的鱼骨味噌汤，料足（头、尾、中段骨及内脏）味美，最是令我垂涎，吃罢还可加豆腐续煮。它足为此行画一完美的句点。

恒春呷鲜找阿利

恒春位于台湾的最南端，也是目前台湾保存最完整的古城，不仅城门全在，有的尚可登临眺望。另，北门段与东门段的城墙，绵延数百米，更是个散步、凭吊的好所在，绝对能满足诸君的深度访古之旅。

各位或许不知道，恒春古城是经过堪舆而后建造的。当初负责选址及实际建筑的刘璈，本身即对风水颇有研究，让城坐落在四兽（四神）之中，使之自成体系。如其居左的龙銮山为青龙，居右的虎头山为白虎，居后作为主山的三台山乃朱雀，临前作为一字平案的西屏山为玄武。今倚城望去，山峦起伏，满目青翠，形势尚在。尤为难能可贵的是，恒春城四座城门所组构而成的东西—南北向坐标，其交角为八十二度左右，与标准的垂直方向坐标仅差八度。这对一个一百五十多年前的城市工程来说，相当地不简单，亦是一个很值得观察的地方。

在看完古迹后，少不得要打打牙祭。距核三厂不远的"阿利海产店"，材料新鲜，手艺非凡，是解馋的理想去处。

"阿利"开张近二十年，店内的陈设尚新，用餐环境还不错。除了店门口的水族箱装满或颜色斑斓、或长相奇特、或难得一见的海鱼外，它另有个长而大的冰箱，里头都是碎冰和穿插其间的现流鱼。只要仔细瞧瞧，会发现每条鱼身上都有两个小点。之所以如此，乃因这些都是原当地老板或其同好在潜水时，于珊瑚礁中叉来的，全部野生，条条新鲜，于取材上确已高人一等。

来到店里，可先来盘新鲜的生鱼片，借以开胃生津。然后吃比较稀罕的一种热带鱼（土话叫倒吊），小尾的以豉、葱一起红烧，鲜清回甘，整个入味，蛮好吃的；一人一尾，更是痛快。仍不过瘾的话，可来条特大尾的，取盐裹着烤，隆起如冰山，食前� 去皮，肉质嫩而爽，滋味在其中。亦可来条清蒸石斑，采用粤式烧法，手艺不逊大厨，加上鱼儿嫩鲜，皮滑肉细，相当诱人。此外，在三伏天时，将此地特产的一种小青椒——身子纤细，尾巴上翘，丝毫不辣——与豆椒快炒，脆中带甜，非常可口。

这里水域的鲭河豚味道很棒，肉比田鸡还细，而且无毒。可用九层塔一块儿做三杯菜，品尝馨逸原味。慢慢咀嚼肉块，呷着大口啤酒，享受欢乐时光，人生之惬意，也不过如此。

台东海岸觅佳味

　　台东到花莲之间的海岸线，海山交错，自然雄浑；奇景天成，如诗如画。而在台东县东河乡以南一直到台东市的这一段，景观非凡，精彩得很。假使优游其间，既可到都兰湾去发掘蓝宝石（倘手气好的话，还可捡到白玉、黄玉、玛瑙或紫玉等奇石），也可到小野柳或东河农场寻幽览胜。而夏日则可赴杉原海水浴场玩水，纵目骋怀，不亦快哉！然而，在游罢之时，便得祭祭五脏庙了。那么这儿到底有何美食呢？

　　在台东市郊区靠近大港及空军志航基地的台十一线省道上，开有几家海鲜店，物美而廉。这是台东居民除成功镇渔港以外最著名的尝鲜去处。而在这几家当中，最负盛名、手艺精湛且服务贴切的则非"美娥海产餐厅"莫属了。

　　"美娥"以往标榜的是"风情万种，不醉不归"，既能烹制筵席大菜，也擅烧一些风味小菜。其大菜的第一品牌是龙虾五吃，蒸、烤、炒、炊等俱佳，食材新鲜，厨艺不差，都很可口。建议选食小龙虾烤着吃，松香且不韧，滋味尤不凡。欲食点另类的，可尝龙虾米糕，此味实不同于一般的红蟳米糕，确有特色。如想吃海鲜以外的玩意儿，则豆酱剑笋和三杯鸡均佳，值得试味。另，在时蔬方面，首推东海岸盛行的炒山苏和炒金针笋，皆甘嫩爽脆，属于翠绿养目的下饭菜。

东海岸红目鲢的产量极多，除起鱼球、片鱼生外，亦可煮味噌汤，味道不俗，价钱不贵，甚宜点享。欲食清蒸鲜鱼，则石斑当为第一选择，火候掌控得宜，清鲜且带馨逸。倘君勇于尝新，想进而挑逗味觉的话，倒是有两味特殊的玩意儿，除这里之外，别处很难到口。一是用螺肠巧烹的红花蚌及大鱼气管横断的切管。前者以香油、白醋、糖、酒等爆炒，脆韧无双，极耐咀嚼；切管则是与山苏同爆，沉郁夐美，颇宜恣餐。此外，店家以黑醋、酱油和芹菜炒出来的豆腐鲨，也很别致，有其风味。至于最能让人一新耳目、味蕾绽放的菜式，则是用蚝油、黑醋与九层塔一起炒的大螺肉或九孔，滋味脆韧合一，格外好吃。

在这一地段内也有好点心。此乃位于东河桥附近、临近泰源幽谷入口的"东河包子"。其包子馅有数种，而以花生馅最脍炙人口。馅乃用花生仁研碎制成，味浓香喷，确为儿时滋味，足兴怀旧之情。